文庫

身近な野の草　日本のこころ

稲垣栄洋　三上修 画

筑摩書房

まえがき――人とともに暮らす植物たち

私たちはよく「緑一色」という言い方をする。

緑豊かな風景が広がる、とある農村で、私は一人の年老いた女性に出会った。緑一色の畦道《あぜみち》に座っていた。驚いたことに彼女は、畦に生える草花の名前をすらすらと言う。そして、細く小さな畦道で、じつに五十種以上もの植物を見出したのである。それだけではない。一つ一つの植物の特徴や、芽生えの時期や花の咲く時期に至るまで、じつによく知っていた。緑一色の畦道も、彼女の目には、多種多様な草花の生える自然豊かな場所として映っているのだろう。

植物の名前は、なかなか覚えられないものである。まして、美しい花を咲かせる園芸用の植物であればまだしも、畦道に生えている植物など、どれも同じに見えて区別がつかないという人も多いことだろう。

畦に座っていた女性が植物の名前をよく知っていたのは、彼女が植物学者だったからでも、園芸研究家だったからでもない。畦に座り込んで、雑草を取っているように見えたが、じつは食べられる草を選んで摘んでいたのだ。食べる野草と食べられない野草を区別するためには、草花の名前を知らなければならない。彼女にとって、植物の名前を知っているのは、ごく自然のことだったのだ。

食べるだけではない。かつて人々は、その暮らしのなかで、さまざまに植物を利用してきた。あるものは食用にしたり、あるものは薬にしたりした。また、あるものは色素を取り出して染物に使い、あるものは繊維を取り出して衣服や笠を編んだり、縄にしたりした。その使い道は多岐にわたる。

植物の用途から考えれば、よく似た植物も多種多様な存在となる。どんなに花は似ていても、食べられる野草と食べられない野草とでは雲泥の差があるし、薬草と毒草とでは、天と地ほどの違いがあるのだ。

意外なことに、人の手が入っていない深山幽谷よりも、人の暮らすふるさとの自然のほうが植物の種類は豊かになるという。自然状態では、競争に強い植物だけが生き残り、か弱い多くの植物は生き残ることができない。一方、里では人が耕したり、草を刈ったりして、自然に対して働きかけを行う。この働きかけこそ、強い植物ばかりが蔓延するのを防ぎ、競争に弱い多くの植物に生存の場を与えるのである。そのため、多くの植物が人の住む里をすみかとしてきた。しかも、人々は植物を利用するために、身のまわりに里の植物を植えて半自然状態で管理した。こうした人々の暮らしによって、草花に彩られたふるさとの美しい風景が作られた。明治時代に日本を訪れた欧米人が、「国土全体が箱庭のように美しい」と驚嘆したのは、まさにそんなふるさとの風景だったのである。

ところが、である。ふるさとの風景を彩ってきた植物が危機に瀕しているという。驚くべきことに今、絶滅が心配される日本の植物のおよそ半数が、ふるさとの風景をすみかとする植物なのだ。

かつて植物と人間とは、バランスを保ちながら共存をはかってきた。しかし、人間は必要以上に自然に介入した結果、植物のすみかを奪ってきたのである。それだけではない。一方では、人々は自然に働きかけをする暮らしを失ってしまっている。その結果、強い植物ばかりが繁茂して、里の環境に依存していた多くの植物たちの生存の場が奪われているのである。

この本では、人々とともにふるさとに暮らす植物たちの姿を紹介したいと思う。この本を読み終えたときに、緑一色に見えた日本のふるさとの風景が、ふたたび豊かな輝きを取り戻してくれたとしたら、著者として望外の喜びである。

二〇一〇年三月

稲垣栄洋

目次

まえがき——人とともに暮らす植物たち　3

田んぼの野草　13

セリ——毒と薬は紙一重　14
コオニタビラコ——比べられて鬼になる　18
タネツケバナ——農作業の始まり　23
スズメノテッポウ——田んぼの雀の大戦争　28
レンゲ——持ちつ持たれつ共に生きる　33
コナギ——ロマンチックも今は昔　38
イボクサ——侵入者は誰だ　43
オモダカ——威張った葉っぱ　47
コブナグサ——イエローマジック　51

畦道《あぜみち》の野草

ハハコグサ――母と子の節句　56
チチコグサ――母と子にはかなわない　60
ナズナ――春の来ない冬はない　65
ノビル――寺に入るべからず　69
ヨモギ――乾いた風がよく似合う　74
カラスノエンドウ――カラスとスズメの知恵比べ　79
ジシバリ――お花畑で泣かされて　83
スイバ――男と女のラブゲーム　87
タンポポ――悪者は誰だ　91
ゲンノショウコ――源平の代理戦争　95
チドメグサ――地べたのパートナー　99
キランソウ――地獄からよみがえる　103
トキワハゼ――花の奥の秘め事　108

チガヤ――太らせた君が好き　112
ミソハギ――先祖を迎える畦の花　117

水辺の野草　121

カサスゲ――科学技術もかなわない　122
ヒシ――だから忍者は持ち歩く　128
イグサ――日本人の心に火を灯す　133
ヤナギタデ――蓼食う虫も好き好き　137
ジュズダマ――美しき涙の理由　141

雑木林の野草　145

フキ――かわいい春の使者　146
フクジュソウ――まだ来ぬ春を先取り　150
カタクリ――はかない命の真相　155
ササユリ――さゆりは夕暮れに美しい　159

アツモリソウ——平家物語の結末 163
ガガイモ——伝説の不思議な果実 167
カラスウリ——伸びたつるの先にあるもの 171
ハシリドコロ——鬼が見える草 176
トリカブト——ブスを生む美しい花 181

草地の野草 185

オニユリ——鬼と呼ばれた花の工夫 186
ノアザミ——国を救った英雄 191
イラクサ——イライラしないで 195
タケニグサ——運動会のおまじない 199
イタドリ——世界を舞台に大暴れ 203
キキョウ——失われる季節感 207
カワラナデシコ——大和なでしこは今どこに 211
ワレモコウ——寂しい秋の風景 215

ヨメナ――嫁のように美しい　219
ススキ――イネより高級　223
ナンバンギセル――熱烈な片思い　228
ヤエムグラ――自力で立たずに大成功　232
あとがき　236
文庫版あとがき　240
解説　暮らしの中に野草があった　岡本信人　243
参考文献　247

身近な野の草　日本のこころ

田んぼの野草

田んぼは、植物にとって流れが緩やかで快適な水辺空間である。しかし、田んぼは米を栽培するために作られた人工的な場所でもある。春には耕され、ある日、突然水が入れられて、水浸しになる。除草剤もまかれるし、草取りもある。そして、稲刈りのころになると、今度は突然、水が抜かれてしまうのだ。四季折々に劇的な変化を遂げる田んぼの環境に適応できた植物だけが、生きることを許される。そんな植物を人間たちは「田んぼの雑草」と呼んでいるのである。

14

セリ

芹　セリ科

毒と薬は紙一重

「せり、なずな、ごぎょう、はこべら、ほとけのざ」

春の七草の歌で筆頭に詠み上げられている植物がセリである。セリは独特の香りで、春の七草のなかでも確かな存在感がある。

セリは競り合って勢いよく伸びることから、「競り」と名づけられたとされている。また、漢字で「芹」と書くが、これはほかの野草のように、手で摘みとることが難しく刃物で切り取ったため、草冠に斤という漢字が当てられた。

つぎつぎに茎を伸ばしてどんどん増えるセリは、田んぼのやっかいな雑草として問題になっている。しかし一方では、古くから食用に利用されてきた。野草として採取されるだけでなく、セリは、古くから田んぼを利用した栽培も行われている。とくに冬に青物の野菜が少なかった昔は、ビタミン源として重要だった。平安時代の書物にはすでにセリの栽培方法が記載されているというから、その歴史は古い。

もちろん、セリは現在でも香りのよい野菜として売られており、鍋物や天ぷら、お

15　セリ

ひたしなどにして食べられる。またセリは、秋田の名物きりたんぽ鍋には欠かせない食材であるし、伝統的な京野菜としても扱われる。田んぼの雑草として嫌われる一方で、セリはなかなかの高級食材なのである。セリを栽培している田んぼに、間違ってイネが生えてきたとしたら、間違いなく抜かれるのはイネのほうだろう。

セリは、育った場所によって、清流で育った水ゼリと、田んぼで育った田ゼリがある。水ゼリと田ゼリは育った環境が違うだけで、どちらも同じ植物だが、田んぼで育った田ゼリのほうが、セリ独特の風味が強くておいしいとされている。

セリは昔から神経痛や血圧降下など、さまざまな薬効を持つ薬草としても知られている。独特の香り成分は、胃のはたらきをよくして、食欲を増進させる。正月の疲れた胃腸に、セリの入った七草がゆを食べるのは理にかなっているのだ。

一方、セリによく似た植物にドクゼリがある。ドクゼリはその名のとおり有毒なので、誤って食べると中毒を起こしてしまう。ドクゼリは、トリカブト、ドクウツギと並んで日本三大有毒植物とされている恐ろしい毒草である。

もっともドクゼリは沼地や湿地に生えるので、セリのように田んぼのまわりに生えることはない。また、ドクゼリは一メートルにもなる大型の植物であるし、根茎が丸く肥大する点や香りがない点で、セリと識別することは難しくない。どちらかというと、野生のワサビと間違えて食べてしまう人のほうが多いようだ。

早春にはドクゼリはまだ芽を出していないが、五月になってセリが茎を伸ばし始めるころになると、ドクゼリが若芽を出し始める。ドクゼリも若葉のころは、セリとよく似た姿をしている。そのため、俗に「五月のセリは食べるな」という。毒のあるドクゼリを誤って採らないように、五月にセリ摘みをしてはいけないと戒めたのである。

しかし、ドクゼリとはかわいそうな名前をつけられたものである。

ドクゼリの毒成分も、セリの薬効成分も、もともとは植物が病害虫や動物から身を守るために身につけたものなのである。ところが、ある成分は人間の体内で毒として作用するのに対して、別の成分は、かえって人間の体を刺激して、体の機能を活性化させたり、代謝を促して利尿作用や発汗作用を引き起こしたり、血行をよくしたりする。そんな薬効がある植物を私たちはありがたがって、薬草と呼んでいるのである。

薬草のセリも毒草のドクゼリも、ただ自分が生きるために化学成分を作っているだけなのに、扱われ方がまったく逆になってしまうのだ。

まさに「毒と薬は紙一重」。よく似た植物が、毒草扱いにされるか、薬草として重宝されるかは、紙一重なのである。

コオニタビラコ

小鬼田平子　キク科

比べられて鬼になる

比べることは、いけないことだと知りながら、私たちは無意識のうちについつい比較してしまいがちである。

自分の子どもががんばって絵を描いても、ほかの子がもっと上手に描けていると、「どうして、あなたはできないの？」と素直にほめてあげることがなかなかできなかったり、欲しかった新車をやっと買ったはずなのに、知人が高級車に乗っていると、何だかがっかりした気分になってしまったりする。私たちは、自分より幸せな人がいると何となくねたましく思い、自分より不幸な人を見つけては安心する。子どもががんばって絵を描いたことは十分うれしいことなのに、欲しかった車を買ったことは十分幸せなことなのに、他人と比較して、自分の幸せを測ってしまうのだ。

しかし、安易に比べることは決してよい結果を生まない。植物の世界にも、比べられたあげくに、かわいそうな目にあってしまった野草がある。コオニタビラコである。

せり　なずな　ごぎょう　はこべら　ほとけのざ　すずな　すずしろ　これぞ七草

19　コオニタビラコ

南北朝時代から室町時代に活躍した歌人・四辻善成《よつつじよしなり》左大臣の歌で知られる春の七草のなかで、「ほとけのざ」と歌われている植物こそが、コオニタビラコである。植物図鑑を見ると、ホトケノザというとシソ科のホトケノザが紹介されている。しかし、春の七草で歌われている「ほとけのざ」は、キク科のコオニタビラコのことである。

シソ科のホトケノザは、春に紫色の花を咲かせる。茎を取り囲む葉が、仏様が座る台座の蓮華座《れんげざ》に似ていることから、「仏の座」と名づけられたのだ。一方、キク科のホトケノザは、タンポポのような小さな黄色い花を咲かせる。こちらのほうは、地面の上に広げる葉の形が蓮華座に似ていることから名づけられた。この蓮華座のような葉っぱは、寒い冬を過ごすために、地表に張りつくように広げたロゼット葉である。蓮華座のように広げたロゼット葉は、地表面に葉を広げて寒風を避けながら、光を浴びて光合成をするのに適した冬越しのスタイルである。

七草摘みをするときに、もっとも見つかりにくいのがコオニタビラコである。コオニタビラコは、比較的湿った田んぼに好んで生えている。ところが、最近は田んぼの排水設備が整備され、冬の田んぼは極度に乾燥してしまう。そのため、コオニタビラコの生えることのできる田んぼが減ってしまったのだ。

同じ「ほとけのざ」だからと、七草がゆにシソ科のホトケノザを入れているのを、ときどき見かけるが、名前は同じ「ほとけのざ」でも、シソ科のホトケノザは、シソ科独特のきつい匂いがあるので、とてもコオニタビラコの代用にはならない。

それにしても、「ほとけのざ」というやさしい名前で呼ばれていた植物に、どうして「コオニタビラコ」などという恐くて長たらしい名前がつけられてしまったのだろうか。

もともと、「ほとけのざ」は、田んぼに小さな葉を平らに広げているようすからタビラコ（田平子）と呼ばれていた。田んぼの陽だまりに咲く小さな花にふさわしい、かわいらしく愛らしい名前である。

ところが、田んぼのまわりの野原には、体の大きなタビラコの仲間がいた。花は小さいものの、タビラコに比べるとずいぶん背が高く、力強く見える。そのため、この大きなタビラコは、鬼のように大きなタビラコだといわれて、オニタビラコ（鬼田平子）という名前がつけられたのである。よく見ればかわいらしい野の花なのに、何とも気の毒な名前をつけられてしまったものである。

体の大きいオニタビラコはよく目につく。一方、田んぼのなかにひっそりと咲くタビラコは、オニタビラコと比べるとあまり目立たない。そのためタビラコは、いつのころからか、オニタビラコの仲間で小さなやつだと見られるようになってしまった。

そして、ついには、小さいオニタビラコという意味で、コオニタビラコ（小鬼田平子）という長い名前がつけられてしまったのだ。

タビラコと比べられて、鬼呼ばわりされてしまったオニタビラコと比べられて小鬼にされてしまったコオニタビラコ。オニタビラコも、それぞれが、それぞれの咲き方をしていただけなのに、人間の曇った目が、タビラコとオニタビラコを比べてしまったのである。鬼や小鬼にされてしまった野の花は、いったいどんな気持ちで咲いていることだろう。

野に咲くオニタビラコも、田んぼに咲くコオニタビラコも、それぞれ愛らしい花を咲かせる魅力ある野の花である。決して比べられるべきではなかったのである。

タネツケバナ

種浸け花　アブラナ科

農作業の始まり

春になって雪が溶け出すと、山の残雪を何かの形に見立てる「雪形《ゆきがた》」ができる。雪形は昔から農作業を始める時期の目安となっていた。雪形は農作業をする人の姿や鳥、鍬などさまざまな形に見立てられている。たとえば白馬《しろうま》は、代《しろ》かきをするころ、残雪が馬の形をすることから、もともと「代うま」に由来するという。

また、花の咲く時期も、地方によっては農作業の目安となっていた。田打桜《たうちざくら》や種まき桜といわれるように、サクラの開花は農作業の時期を知らせる代表的な目安なのである。

サクラといっても、私たちがイメージするソメイヨシノやヤマザクラなどの桜とは限らない。たとえば東北地方では、モクレンやコブシのことを田打桜や種まき桜と呼んでいた。サクラは、田んぼの神様を意味する「さ」が座る「くら」という意味から名づけられたとされている。そもそも、私たちが現在「桜」と呼んでいる植物は、もともと田打ちや種まきの時期に咲いていたことから「さくら」の役割を果たすという意味だったものが、いつしか植物の名前として定着したのである。

いずれにしても、昔の人たちは暦に頼ることなく、残雪や野山の草花の開花など、自然の営みに季節を感じていた。

自然現象から季節を判断するというのは、いかにも遅れた感じがしてしまう。しかし、どうだろう。年によって暑い年や寒い年があるのに、毎年決まって同じ日に衣替えするほうが非合理的ではないだろうか。その点、残雪や草花から判断すれば、暑い年も寒い年も、その気候に合わせて農作業を行うことができるのである。

もっとも、昔の人は暦ばかりに頼れなかった事情もある。

現在、用いられている太陽暦は、地球が太陽をまわる周期にもとづいている。一方、江戸時代まで使われていた太陰暦は、月の満ち欠けにもとづいている。そのため、一年間は三五四日となり、三年に一度、閏月《うるうづき》として一年を十三カ月にして調整する暦だった。しかし、それでは同じ月日でも、年によって時期がずれてしまうことになる。

そこで昔の人たちは、暦によってではなく、山の残雪や草花の咲く時期によって季節を読み取り、農作業を始める目安にしていたのである。

農作業の始まりの一つには、イネの種籾《たねもみ》を水に浸ける作業がある。水に浸けることによって吸水させるとともに、種皮に含まれる発芽抑制物質を取り除くためである。

25　タネツケバナ

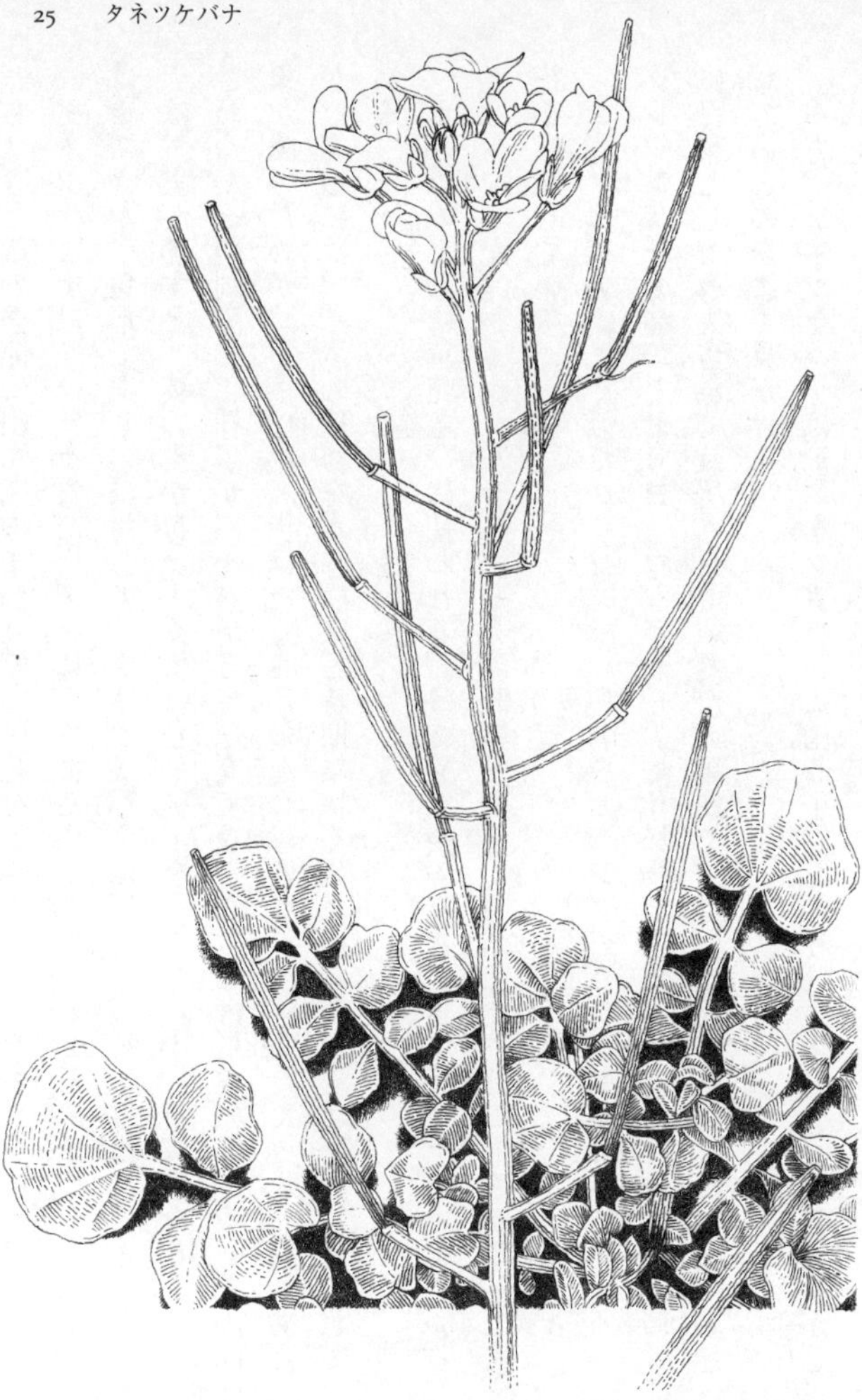

ちょうどこの季節に田んぼのまわりで白い花を咲かせるのがタネツケバナである。

タネツケバナはアブラナ科でナズナによく似た白い花を咲かせる。ただし、実の形はナズナが三角形であるのに対して、タネツケバナは細長い莢《さや》をつける。タネツケバナは、実が熟すと、莢の皮が勢いよく反転して種子をまきちらす。草取りをしようと、さわったその刺激で、種子がバチバチと音を立てながらはじけ飛ぶのである。その印象が強いためか、タネツケバナはたくさん種をつける「種付け花」だと思われがちだが、実際には、イネの種籾を水に浸ける時期に咲くことから「種浸け花」に由来している。

ナズナのように草花遊びに使われるわけでもないので、タネツケバナに目をとめる人は少ないが、タネツケバナは繁殖力が旺盛で、よく見るとあちらこちらで群生して花を咲かせている。

タネツケバナによく似たクレソンは、和名をオランダガラシ（和蘭芥子）という。クレソンはその名のとおりヨーロッパからの帰化植物である。もともとは、明治時代に野菜として導入されて栽培されていたが、現在では野生化してあちらこちらで繁殖しているのをよく見かける。

一方、タネツケバナは別名をタガラシ（田芥子）という。タネツケバナの葉をかじると、ピリッとした辛味がある。タネツケバナは英語で「ビタークレス」という。クレスとはからし菜のことで、ビタークレスは「苦味のあるカラシ」という意味なのだ。ちなみに、タネツケバナによく似たクレソン（オランダガラシ）の名前もクレスに由来しており、英語では「ウォータークレス」と呼ばれている。

苦味のあるカラシと呼ばれるくらいだから、タネツケバナも食べることができる。茎や葉を摘み取ってサラダや和《あ》え物にすると、クレソンに勝るとも劣らない、なかなかの美味である。

「伊予の松山名物名所」の歌詞で知られる「伊予節」では、松山の名物として「高井の里のていれぎ」が歌われている。「ていれぎ」とはタネツケバナの仲間のオオバタネツケバナのことで、古くから刺身のツマとして利用されてきた。

辛味が災いしてか、あっさりとした七草がゆの材料となる春の七草に数えられなかったタネツケバナだが、ピリッとした辛味は刺激好きな現代人好みだろう。もし室町時代にドレッシングがあったとしたら、春の七草を詠んだ四辻左大臣はタネツケバナを選んでいたにちがいない。

スズメノテッポウ ——雀の鉄砲　イネ科

田んぼの雀の大戦争

春の田んぼ一面に穂を揺らしているのがスズメノテッポウである。

もっとも、スズメノテッポウという正式な名前よりも、「ピーピー草」の呼び名のほうが親しまれているだろう。スズメノテッポウの穂を引き抜いて残った葉鞘《ようしょう》（葉の付け根が茎を包むように鞘《さや》状になったもの）のほうを口にくわえて息を吹き込むと、ピーピーと鳴る草笛になる。そのため「ピーピー草」と呼ばれているのだ。

スズメノテッポウの葉の付け根を見ると、葉舌《ようぜつ》と呼ばれる薄く長く伸びた膜がある。葉鞘の中を息が流れると、この膜が振動して音が出るのだ。これはクラリネットなどのリード楽器が音を出すしくみとまったく同じである。それにしても、数ある野草のなかからスズメノテッポウを見出し、楽器に変えてしまった昔の子どもたちの感性には驚かされる。

スズメノテッポウは「雀の鉄砲」の意味である。笛にするときには抜き取られてしまう円柱形の小さな穂が、ちょうど雀が抱えるくらいの大きさの鉄砲にたとえられた

29　スズメノテッポウ

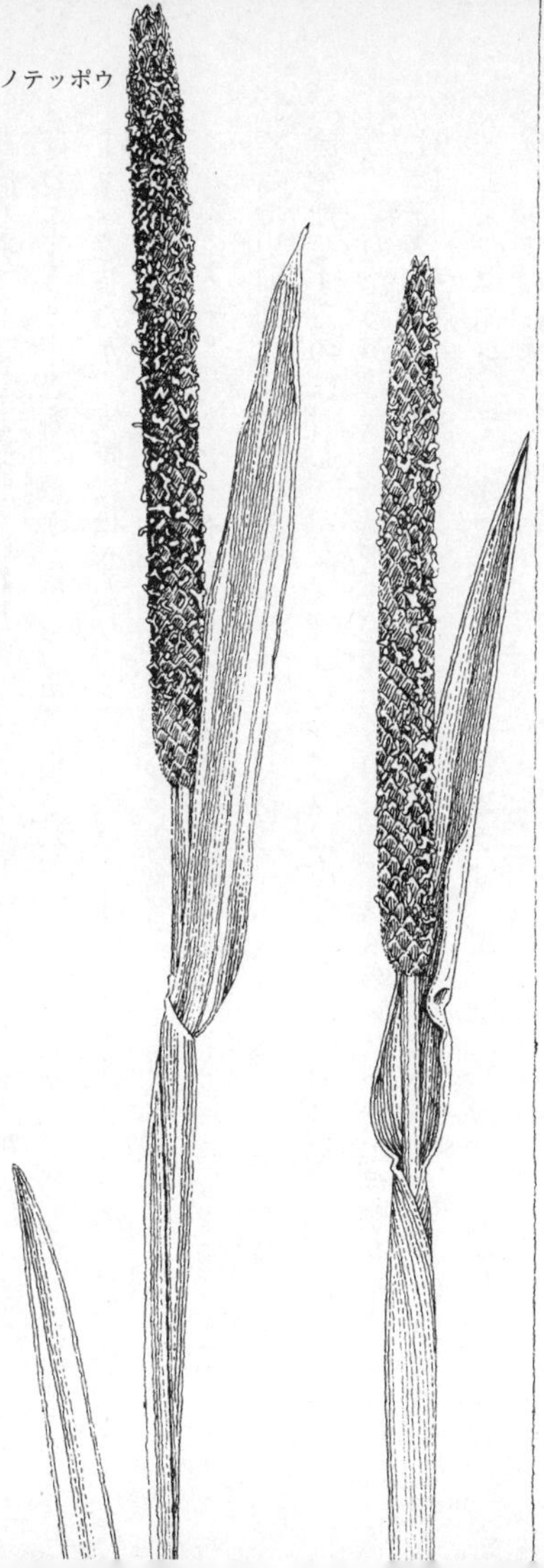

のである。スズメノテッポウには、ほかにも「雀の枕」「雀の槍」など、雀の持ち物にたとえられた別名もつけられている。

田んぼによっては、スズメノテッポウではなく、スズメノカタビラが群生している場所もある。「雀の鉄砲」に対して、スズメノカタビラは「雀の帷子《かたびら》」である。かたびらというと、忍者の鎖《くさり》かたびらが思い出され、いかにも鉄砲隊に対して忍者軍団のような感じだが、実際にはかたびらというのは一重の着物のことである。穂についた小さな実の形が雀の着物に見立てられたのである。

スズメノテッポウやスズメノカタビラは、古い時代に稲作といっしょに日本に入ってきた史前帰化植物であるとされている。ただし、スズメノテッポウが温暖な地域を原産地とするのに対して、スズメノカタビラは冷涼な地域が原産地だと考えられている。そのためか、暖かい場所に位置する田んぼにはスズメノテッポウが群生するのに対して、やや気温の低い場所の田んぼには、スズメノカタビラが群生する傾向にある。まるで、スズメノテッポウとスズメノカタビラは、田んぼの陣取り合戦をしているかのようである。

スズメノテッポウやスズメノカタビラは田んぼばかりでなく、畑や荒地などさまざまな場所に生えるが、田んぼに生えるものは、ほかの場所に生えるものよりも種子が大きいことが知られている。

田んぼは夏の間は水が入れられ、イネが栽培されているため、春の田んぼに生えるスズメノテッポウやスズメノカタビラは、秋の稲刈りが終わった後に芽を出し、冬を越して、春になって田んぼに水が入れられるまでの間に、生長を遂げて種子を残さなければならない。そのため種子を大きくして、発芽後に速やかに生長できるようにしているのである。

種子の大きいほうが生長が速いなら、田んぼ以外の場所に生えるスズメノテッポウやスズメノカタビラも種子を大きくすればよさそうなものだが、話はそれほど単純ではない。

種子を大きくすれば、生産できる種子の数は減ってしまう。田んぼは、いつ草取りされるかわからない畑や荒地に比べると、安定した環境で種子の生存率が高いので、種子の数を減らして、サイズを大きくすることが可能なのである。

そうはいっても、人間が稲作をするために作り出した田んぼは特殊な環境なので、ここに生えることができる植物は限られる。

田んぼのなかに生えることができず、まわりの畦道に生えている植物には、イグサ科のスズメノヤリがある。「雀の鉄砲」「雀の帷子」に対して、こちらは「雀の槍」で

ある。スズメノヤリは茎の先端について、丸い頭花《とうか》が大名行列の毛槍に似ていること
から名づけられた。鉄砲隊、忍者軍団とくれば、さながら槍隊の登場である。
まるで雀の合戦のような鉄砲と帷子の勢力争いを模様眺めしているがごとく、スズメノヤリは畦道から高見の見物をしているようでもある。

レンゲ

紫雲英　マメ科

持ちつ持たれつ共に生きる

春の田んぼ一面に咲くレンゲのじゅうたんは、かつて日本の原風景の一つであった。レンゲは、もともとは田んぼで栽培されていた植物である。秋の稲刈り前の田んぼにまいたレンゲの種子は、稲株の下で小さな芽を出す。それが、稲刈り後の田んぼで生長して冬を越し、春に花を咲かせるのである。しかし、花を咲かせたレンゲは、収穫されることはなく、そのまま田んぼを耕すときに土の中にすき込まれてしまう。

田んぼでレンゲを育てるのは、花を楽しんだり、種子を取るためではなく、土の中にすき込んで肥料にするためなのだ。しかし、最近では化学肥料が用いられるようになり、レンゲが広がる田んぼはめっきり少なくなってしまった。

レンゲは緑肥《りょくひ》として、じつに優れた特徴を持っている。レンゲの根っこを掘り出してみると、小さな白いコブがたくさんついていることに気がつく。これは根粒《こんりゅう》と呼ばれるもので、中には根粒菌というバクテリアが住んでいるのだ。

根粒菌は、大気中の窒素を取り込んで栄養分にする能力を持っている。この根粒菌のはたらきによって、レンゲは土の中の窒素が少ないやせた土地でも、空気中の窒素を取り込んで育つことができる。そのためレンゲをすき込むことによって、レンゲの体内の窒素分を土の中に供給し、田んぼを肥やすことができるのである。

一方、根粒菌のほうは、窒素を供給する代わりに、レンゲの根に守られながら、レンゲの光合成によって作られた栄養分をもらって暮らしている。持ちつ持たれつのこの関係は、一般に「共生」と呼ばれている。

この根粒菌との共生はレンゲだけでなく、マメ科の植物に広く見られる。

ただし、マメ科植物の祖先が、根粒菌との協力関係を築くには深刻な問題があった。もともと根粒菌は、日ごろは落ち葉などを分解しながらひっそりと暮らしている。その根粒菌が、マメ科の植物の根の中に入ると、酸素呼吸によって生み出したエネルギーを利用して、窒素固定を行うのである。つまり、窒素固定を行うためには酸素呼吸が必要なのだ。ところが皮肉なことに、窒素の固定に必要な酵素は、酸素があると、その活性を失ってしまう。窒素の固定を行うためには、呼吸のための酸素をすばやく運ぶ一方で、余分な酸素はすばやく取り除かなければならない。この問題を解決する手段としてマメ科の植物が身につけたのが、酸素を効率よく運搬するレグヘモグロビンという物質だったのである。

35　レンゲ

私たち人間の血液の中にある赤血球にはヘモグロビンがあって、肺から体中へ効率よく酸素を運んでいる。マメ科の植物が持つこのレグヘモグロビンは、人間のヘモグロビンとよく似た物質である。

レンゲなどのマメ科の植物の新鮮な根粒を切ると、驚いたことに血がにじんだように薄赤色に染まる。これがマメ科植物の血液ともいえるレグヘモグロビンなのだ。根粒菌との共生を実現するために、マメ科の植物はついに血液まで手に入れたのである。共生関係を築くまでには、まさに血のにじむ努力があったのである。

レンゲの共生は根だけではなく、花にもハチとの共生関係が見られる。

レンゲの花は、花びらのように見える一つ一つが花である。レンゲは小さな花が集まって一つの大きな花を形作っている。この小さな花の一つをよく見ると、花びらが上下にわかれた形をしている。この下側の花びらを指でそっと押すと、まるでびっくり箱でも開けたかのように、花びらのなかに隠れていた雄しべと雌しべが飛びだしてくる。

レンゲの花にやってきたハチが下の花びらに足をかけると、花びらが押し下げられて、蜜のありかへの入り口が開かれるしくみになっているのである。そして同時に、花びらの中から雄しべと雌しべがあらわれてハチの体に花粉をつけるのだ。

花びらを押し下げることのできる力と、このしくみを理解する知恵を持った虫でなければ蜜にありつくことはできない。こうして、花粉を運んでくれるハチ以外の虫に蜜をとられないように、レンゲは蜜の入り口にふたをしているのである。

さらに、複雑なレンゲの蜜の入手法を覚えたハチは、レンゲの蜜を独占したくなる。だから、ハチはレンゲの花ばかりをまわって蜜を集めるのだ。これはレンゲにとって、じつに都合がいい。ハチが、レンゲの花だけをまわって蜜を集めてくれれば、それだけ効率よく受粉ができるからである。

こうしてレンゲは、ほかの生き物たちと共生関係を築きながら暮らしている。のどかに見える春の風景も、豊かな自然の知恵にあふれているのである。

コナギ　子葱　ミズアオイ科

ロマンチックも今は昔

『万葉集』にこんな歌がある。

苗代《なはしろ》のこなぎが花を衣《きぬ》に摺《す》り馴《な》るるまにまに何か愛《あぜ》しけ（巻十四、三五七六）

コナギは秋になると田んぼのなかで、美しい紫色の花を咲かせる水生植物である。昔は、このコナギの花を布に擦り付けて染め物にした。この歌は、「そのコナギの花で染めた衣が、着慣れるとだんだんと愛らしくなるように、あなたのことが愛《いと》おしい」という女性に向けた恋の歌である。

さらに、『万葉集』には、こんな歌もある。

上毛野《かみつけの》伊香保の沼に植ゑこなぎかく恋ひむとや種求めけむ（巻十四、三四一五）

39　コナギ

これは「植えたコナギが育つのが待ち遠しくて、いっそのこと種など植えるのではなかったと後悔するように、こんなに恋しく苦しいのならば、最初から恋などするのではなかった」という切ない恋心を詠った歌である。

それにしても、こんなにもロマンチックな花が、田んぼにあったのだろうか？

コナギは今でも、田んぼのなかでふつうに見られる植物である。ただし、『万葉集』で美しく歌い上げられたコナギも、現代ではもっともやっかいな田んぼの雑草として名を馳せている。

コナギは小さな雑草だが、田んぼに繁茂しては肥料を吸い尽くして、イネの生長を妨げてしまう。肥料分の豊富な現代の稲作に適しているせいだろうか、コナギは田んぼのやっかいな雑草として、わが物顔に繁茂しているのである。

しかし、稲株の蔭でひっそりと咲くコナギの花も、よく見ると、紫色の花びらと黄色い雄しべのコントラストが美しく、なかなか高貴な花に見える。万葉の人々が心惹かれたのもわかる気がする。

植物が花を咲かせるのは、昆虫を呼び寄せて花粉を運ばせるためである。しかしコナギは、こんなに美しい花を咲かせるにもかかわらず、昆虫に頼ることなく、自分の花粉で受粉して種を残す自家受精する植物である。

コナギの受粉のしくみは巧妙である。コナギの花が開くときに、雄しべが雌しべにふれるようになっている。そのため、たとえ虫が来なくても種子を残すことができる。それだけではない。花が咲いている間は離れていた雄しべと雌しべが、花が閉じるときに、ふたたびくっつく。しかも、今度は雌しべが体をひねって雄しべにふれる。そのため、雌しべの花粉のついていない部分に、雄しべがくっつくという念の入れようなのだ。

たとえ昆虫がやってこなくとも、確実に種子を残すことができる能力は、雑草としては優れた特性である。このしたたかさが、コナギを田んぼで成功させている大きな要因である。

しかし、不思議なことがある。こんなにたくましい雑草なのに、コナギは田んぼ以外の場所ではほとんど見ることができないのだ。これは、どうしてなのだろうか。

稲作が行われる田んぼは、人間が人工的に作った特殊な環境である。コナギはこの特殊な水辺の環境に特化して適応を遂げている。たとえば、コナギは田んぼに水が入り、代かきされると、その酸素が少なくなった状態を感知して発芽を始める。また、イネの籾や苗から滲出する物質を感じ取って発芽が促進される性質も知られている。田んぼの土が起こされたり、イネが生育していることは植物の生存にとってよいとは思えない。ところがコナギは、田んぼの作業が行われたり、イネが生育している条件を好むのである。

ところが、こうして特殊な進化を遂げた代償に、コナギは田んぼ以外の場所で生きる術《すべ》を失ってしまった。

コナギも、イネの伝来と時を同じくして日本にやってきた史前帰化植物であると考えられている。日本で稲作が始まったころ、コナギはすでに田んぼの雑草として共にいたのである。コナギは、もう何千年も前から、田んぼの雑草のスペシャリストとしての道を歩んできたのだ。

そんなコナギを雑草としてやっかい者扱いする一方で、古代の人々はコナギを染料として用いてきた。それだけではない。『万葉集』の歌ではコナギは「葱《ねぎ》」という字を当てて「子水葱《こなぎ》」と記されている。じつは、古代の人々は田んぼの雑草であるコナギを野菜としても栽培していた。田んぼの雑草に価値を見出し、恋の歌を詠んだり、染料や野菜として利用してきた古代の人々の感性の豊かさには驚かされる。

いつから、コナギはその価値を失ってしまったのだろう。そして、いつから人は豊かな価値観を失ってしまったのだろう。そんな時代の変遷を知ってか知らずか、コナギの花は何千年も昔から変わることなく、いまも田んぼのなかで咲き続けているのだ。

イボクサ 疣草　ツユクサ科

侵入者は誰だ

男性が夜中にそっと女性のところに忍び入ることを「夜這《よば》い」という。

昔の農村では、よく夜這いが行われた。もともと男性が女性の家に通う婚姻形態である「通い婚」を意味するこの風習は、農村では村のルールに従って行われる男女の交際でもあった。ところが、欧米の道徳を重んじた明治政府の風紀統制によって「夜這い」は禁止され、いつしか不純なイメージがつきまとうようになってしまったのである。

田んぼの雑草には、この「夜這い」の風習に由来して、「夜這い草」と呼ばれる植物がいくつかある。夜這い草と呼ばれる植物は、畦《あぜ》に根づいているが、茎をずんずんと横に伸ばして、這いながら田んぼのなかに忍び込んでくる。このようすから「夜這い草」と名づけられたのである。

畦から田んぼに侵入してくるので、田んぼに除草剤をまいても、なかなか根もとまで枯れることがない。夜這い草と呼ばれる雑草は、どれもやっかいな田んぼの雑草なのである。

イボクサは夜這い草の代表的なものである。イボクサは水深の浅い畦際《あぜぎわ》に芽を出すが、分枝した茎を這わせながら田んぼのなかに侵入していく。さらにイボクサの茎には節があり、節から伸ばした根を下ろしてどこまでも伸びていく。

イボイノシシやイボガエルなどは体にイボがあることから、そう名づけられたが、イボクサにイボはない。イボクサは、この草の汁をつけるとイボが取れることから、「イボ取り草」に由来して名づけられたのだ。ほかにもイボを取る薬草としては、イチジクの葉やハトムギ、イボタノキなどが知られている。これらの薬効は科学的に明らかにはされていないが、わざわざイボクサという名前がつけられたくらいだから、何らかの効果があったのだろう。

「夜這い草」や「イボ取り草」など、かわいくない名前をつけられているが、イボクサは薄紫色のかわいらしい花を咲かせる。イボクサは、同じツユクサ科の園芸種であるムラサキツユクサを小さくしたような花である。休耕田などで一面に花を咲かせているようすは、なかなか圧巻である。

イボクサはツユクサ科だが、ツユクサとは花の構造が違っている。ツユクサの花はずいぶん複雑な形をしている。ツユクサの花びらは三枚だが、耳の

45　イボクサ

ように大きく開いた二枚の花びらが特徴的で、花びらの青色と雄しべの黄色が美しい。ツユクサは、この美しい花でアブなどの昆虫を呼び寄せる。そして、花の前面に突き出た二本の雄しべで、やってきた昆虫の体に花粉をつける。このようにツユクサは、花粉を出さずに昆虫を惹きつけるおとりの四本の雄しべと、花粉をつける長い二本の雄しべがあり、六本の雄しべが役割分担をしている。

これに対して、イボクサの花はシンプルである。イボクサはツユクサと同じ花びらは三枚だが、三枚の花びらがバランスよく並んで美しい三角の形をしている。

しかし、イボクサの花に何の工夫もないわけではない。イボクサにも短い雄しべと、長い雄しべとがある。三本の短い雄しべは花びらとよく似た色をしている。この雄しべはほとんど花粉を出さない。おそらくは、この短い雄しべが花びらとともに昆虫を惹きつける役割を果たしているのだろう。そして、長く突き出た三本の青い雄しべが、昆虫の体に花粉をつけるのである。おとりの雄しべを使って昆虫を惹きつける作戦は、花の構造は違ってもツユクサとまったく同じなのだ。

ツユクサの青い花は古くから愛でられていたが、イボクサの薄紫色の花を愛でる人は少ない。しかし、田んぼのなかに伸ばした茎のその先で、イボクサもツユクサに負けない機能美に満ちた花を、人知れず咲かせているのである。

オモダカ

威張った葉っぱ

沢瀉　オモダカ科

『枕草子』第六十三段に「沢瀉《おもだか》は、名のをかしきなり。心あがりしたらむと思ふに」という一節がある。「オモダカの名前は、うぬぼれているのかしらと思うにつけてもおもしろい」という意味である。

オモダカは、田んぼに生える代表的な雑草であるが、どうして清少納言にうぬぼれているなどと言われてしまったのだろう。

オモダカの名前は、もともと「面高」に由来する。水の上に高く突き出した葉っぱが、顔に見えることから、顔を高々と掲げているという意味で、「面高」と名づけられたのである。

田んぼでは困り者の雑草であるオモダカだが、意外なことに家紋として好んで使われている。オモダカをデザインした家紋は八十種類もあり、鷹の羽、橘、柏、藤、茗《みよう》荷《が》、桐、蔦、木瓜《ぼけ》、かたばみと並んで日本十大家紋の一つに数えられているほどなのだ。

オモダカの名は「面目が立つ」に通じることや、葉の形が矢尻や楯などの武具に似ていることから、勝ち草と呼ばれ、武家の家紋として好んで用いられた。

田んぼの雑草であるオモダカを改良して作った野菜が、正月に食べるクワイである。

クワイはオモダカの変種であり、植物としてはまったく同じ種である。

オモダカやクワイは深い泥に埋まっているために、長い芽を伸ばす。この長い芽から、「芽が出る」とされて、正月の縁起物として食べられるのである。

また、クワイは漢字では「慈姑」と書く。これは、親芋から地下茎を伸ばして、その先端に子芋をつけるようすが、慈悲深い乳母が乳を与えるさまに似ていることから慈姑と書くようになった。クワイはオモダカを食用に改良したものだが、クワイという名前は、「食べられるイグサ」（食藺）に由来する言葉である。イグサというのは畳《たたみ》表《おもて》の原料となる植物で、針のように細くとがった葉をしている。オモダカと同じように顔のような葉をしたクワイと、細い葉のイグサは似ても似つかないが、どうしてこのような名前がつけられたのだろう。

もともとのクワイは、イグサに似た葉を持つカヤツリグサ科のクログワイという田んぼの雑草を改良した野菜を指していた。このクログワイの栽培種は、今でも中国では野菜として食べられている。ところがその後、中国からこのクログワイの栽培種に

49　オモダカ

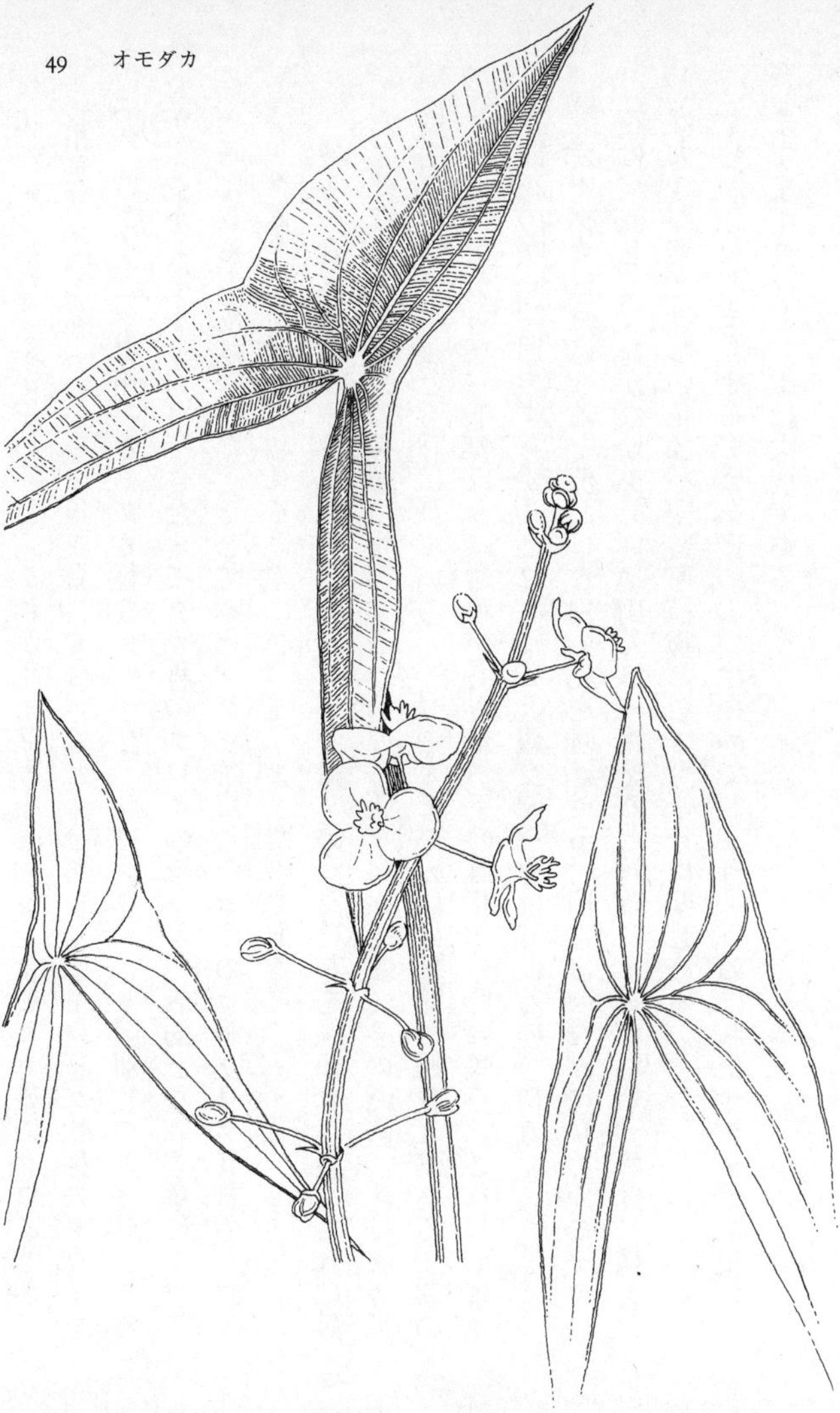

味のよく似た野菜が伝わった。これがオモダカを改良したオモダカ科のクワイである。『和漢三才図会』(一七一二年成立)では、もともとあったカヤツリグサ科のクワイを「クログワイ」、現在のオモダカ科のクワイを「シロクワイ」と区別している。ところが、やがて後から入ってきたオモダカ科のクワイのほうが一般的となり、単にクワイと呼ばれるようになった。そして本来、クワイだったはずのカヤツリグサ科のクワイは、クログワイと区別されるようになってしまったのである。

塊茎《かいけい》を食べられるように改良されたクワイは、めったに花を咲かせない。これに対して雑草のオモダカは種子で繁殖するために、花を咲かせる。そのため、オモダカは別名をハナクワイとも呼ばれている。一つのオモダカには雄花と雌花とがある。茎の上部に雄花があり、下のほうに雌花があるが、下の雌花から先に咲く。こうして雄花と雌花の咲く時期をずらすことによって近親交配を避けているのである。

オモダカは夏になると涼しげな白い花を咲かせる。田んぼのなかに咲くオモダカの花は、涼しげでなかなか美しい。田んぼに生えると雑草にすぎないが、水鉢に植えれば大きな葉と美しい花は、観賞用植物としても十分に楽しめる。

しかし、あまりオモダカを褒めるのはやめておこう。うぬぼれたオモダカの葉が、ますます高々としては大変である。

コブナグサ　小鮒草　イネ科

イエローマジック

童謡「故郷」（高野辰之作詞）では、なつかしく美しい日本の原風景が歌われている。

兎追《うさぎお》いしかの山　小鮒《こぶな》釣りしかの川《かわ》

幅の広い葉の形が、この歌詞に登場する小鮒の形に似ていることから名づけられたのが、コブナグサである。コブナグサは、田んぼの畦際や湿地などに見られるごくありふれた雑草である。

多くのイネ科の植物は花が目立たないので、なかなか区別がつきにくいが、コブナグサはイネ科には珍しく広い葉を持つのが特徴的である。それにしても、この生い茂る雑草の葉をかわいらしい小鮒にたとえた昔の人のまなざしには感心させられる。

童謡「春の小川」（高野辰之作詞）の二番にはこんな歌詞がある。

春《はる》の小川《おがわ》は　さらさら流《なが》る
蝦《えび》やめだかや　小鮒《こぶな》の群《むれ》に

かつては群生するコブナグサの葉のように、春の小川には小鮒の群れが見られたのだろうか。

コブナグサは目立たない雑草だが、隠れた能力を持っている。コブナグサは別名をカリヤスという。これは「刈安」で、刈りやすいという意味である。

その昔、コブナグサは絹織物の染料として使われていた。八丈島の特産品である黄《き》八丈《はちじょう》という絹織物を染めるのに、いまでもコブナグサが使われている。八丈島ではコブナグサは八丈刈安と呼ばれて、大切に栽培されている。

黄八丈の八丈というのは、もともと八丈（一丈は三メートル）の長さに織り込んだ絹織物をいった。この八丈が特産だったため、島の名前が八丈島と名づけられたのだ。

黄八丈はその名のとおり、明るい黄金色をした地に茶や鳶色《とびいろ》（茶褐色）の縞柄《しまがら》のある絹織物である。この地色の黄に染めるのにコブナグサが使われる。

ところが、コブナグサは秋になると紫がかった穂を出すだけで、鮮やかな黄色い花

53　コブナグサ

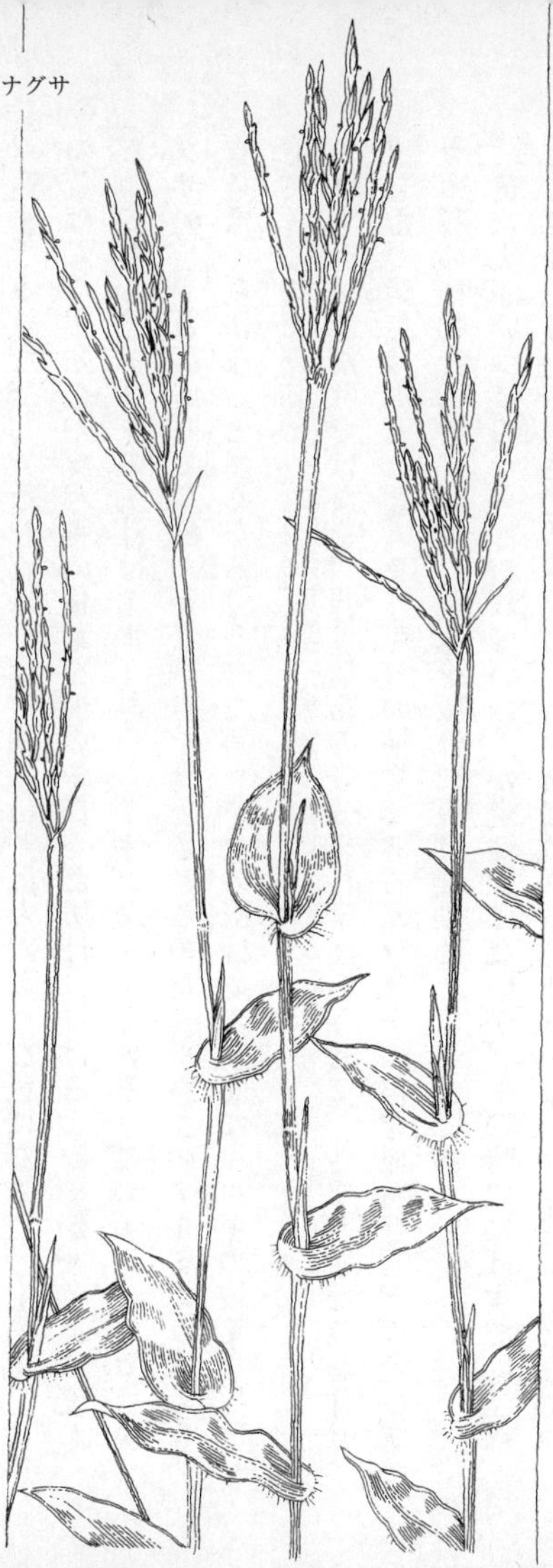

を咲かせるようなことはない。もちろん、茎や葉も緑色である。それなのに、どうしてコブナグサが黄色の染料として使われるのだろうか。

黄八丈を染めるには、乾燥させたコブナグサをいったん煮出し、その汁を絹糸に染み込ませる。ただし、それだけでは、絹糸は黄ばんだような色になるだけである。この黄ばんだ絹糸を、ツバキの枝葉を焼いて作った灰汁《あく》に浸けると鮮やかな黄色に変わるのである。ツバキの灰汁はアルミニウムイオンを含んでいる。このイオンがコブナグサの色素と反応して、鮮やかな黄色を発色させるのだ。ツバキのアルミニウムの含有量は、夏になると多くなる。そのためツバキの灰は夏の期間にツバキの枝葉を採取して作るのである。

コブナグサだけではなく、昔は植物の成分を化学反応させて、さまざまな色を作り出した。紫色はもともとムラサキ科の植物であるムラサキの根を原料とし、茜色はアカネ科の植物であるアカネの色素を灰汁に浸けて染め上げた色である。

黄八丈がいつごろから作られていたのか定かではないが、平安時代にはすでに記録として残っている。生化学や金属イオンなどの化学的知識がなかった昔に、どうやってコブナグサとツバキから鮮やかな黄色を取り出すことを思いついたのだろう。

昔の人の知恵には、本当に驚かされるばかりである。

畦道の野草

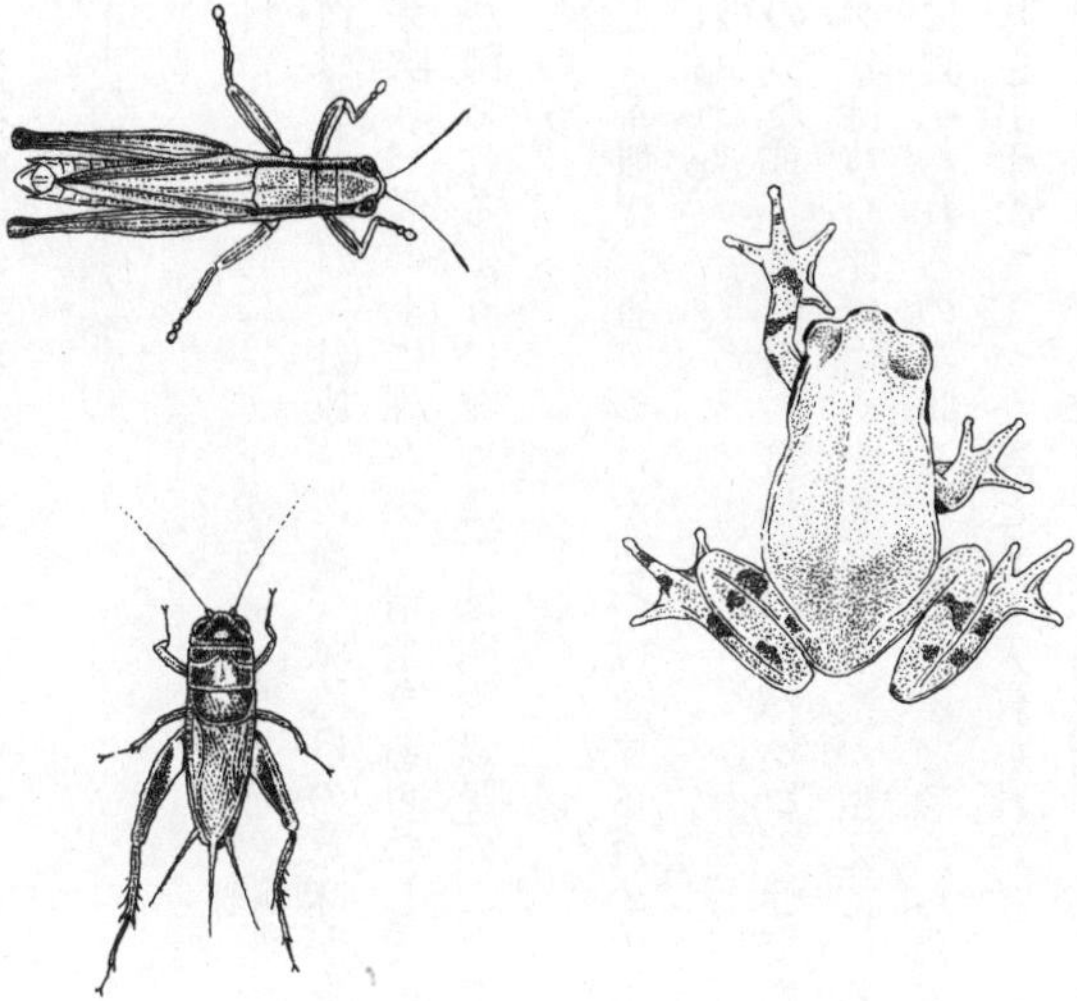

畦《あぜ》は田んぼの水をためるためのものだが、さまざまな植物が生えていて、カエルやコオロギなど生き物たちのすみかとなる。畦に生える野草の種類は多い。畦で行われる草刈りは、一見すると自然を破壊しているようにも見えるが、背の高い大型の野草が繁茂するのを防いで日当たりをよくするので、結果的に、背の低いたくさんの種類の野草が生えることができる。とくに春の畦道は、小さな野の花が咲き競って、さながらお花畑のようになるのだ。

ハハコグサ

母子草　キク科

母と子の節句

三月三日の桃の節句には、下から緑、白、赤の順に三色の菱餅《ひしもち》を重ねる。三色の餅はそれぞれ、健康、清浄、魔除けの意味があるといわれており、白い雪の下に緑が芽吹き、雪の上に桃が咲く情景をあらわしているとされている。もっとも、三色の餅が飾られるようになったのは明治以降のことで、それ以前は緑色と白色の二色だったという。

もともと、草餅は、香りづけや色づけをするためのものではなく、餅のつなぎとして草が入れられた。

この餅のつなぎとして用いられたのがハハコグサである。

ハハコグサは草全体に白くやわらかな毛が生えている。ハハコグサを包む全身の毛は、害虫に食べられるのを防ぐためであると考えられている。この細かな毛が餅に絡まって粘りを出すので、つなぎとして入れられた。

桃の節句にハハコグサの草餅を食べる風習は、古くは中国から伝わった伝統行事だ

57　ハハコグサ

という。日本でも、ハハコグサを使った「母子餅」は、かつては雛祭りに欠かせないものだったが、母子を杵《きね》で搗《つ》くのは縁起が悪いとされ、いつしか草餅の材料はヨモギにとって代わられた。ヨモギは、もともとハハコグサの代用品だったが、ハハコグサに比べてたくさん手に入るし、香りもよい。こうしてハハコグサに代わってヨモギが用いられるようになったのが、現在の草餅である。

ハハコグサは春の七草の一つにも数えられている。

「せり　なずな　ごぎょう　はこべら　ほとけのざ」

有名な四辻左大臣の歌で、ごぎょう（あるいは、おぎょう）と歌われているのが、ハハコグサである。春の七草でハハコグサがごぎょう（御形）と呼ばれるのは、厄除けのために人形《ひとがた》（御形）を川に流した、雛祭りの古い風習が関係していると考えられている。

もともと、季節の節目にあたる節句は、邪気を払う厄払いの日であった。そのため、人々は草や紙で人形を作り、自分の身のけがれや災厄を託して、川へ流したのである。この人形が、やがて家に保存されて飾られるようになったのが、現在の雛人形である。実際に、現在でも桃の節句に、人形を川や海へ流す「流し雛」の行事が各地で見られる。

それにしても、「母子草」というのは、誰からも愛される何とも暖かみのある名前である。草全体に白くやわらかな毛が生えているようすは、母と子の暖かいイメージを連想させる。また、春の陽だまりに咲く薄黄色の花も、どこかやさしさにあふれた美しさをただよわせている。まさに「母子草」の名前がよく似合う野の草である。

ところが、いかにもこの植物にふさわしい「母子草」の名は、当て字であるという。もともと、ハハコグサはホウコグサと呼ばれていたものが転じて、ハハコグサになったというのである。

キク科のハハコグサは、タンポポと同じように綿毛を風に乗せて、種子を飛ばす。ホウコグサという名前は、この花が終わった後の綿毛がほうけだつ（けばだつ）ようすから、「ほうける」草に由来すると考えられている。実際には、ハハコグサの語源は諸説あるものの、現在、この説がもっとも確からしいとされている。

最近では、子育ての負担が母親一人に押し付けられ、子育てに悩む母親も多い。しかし、どうだろう。母と子の暖かさを人々に感じさせてきたハハコグサでさえ、実際には「ほうけている」のである。たまには世の母親たちも、ハハコグサを見習って呆《ほう》けてみるのも悪くないのではなかろうか。咲き終わってほうけた花の中からは、親のやさしさいっぱいに包まれた綿毛の子どもたちが風に乗って旅立っていくのだから。

チチコグサ

父子草　キク科

母と子にはかなわない

やわらかな毛に包まれて、黄色くかわいらしい花を咲かせるハハコグサ（母子草）は、母と子の暖かいイメージも重なって誰からも愛される。

ハハコグサに対してチチコグサ（父子草）という野草もある。ハハコグサが春の七草や草餅の材料として親しまれているのに比べると、チチコグサはあまり知られていない。

そもそも、ハハコグサが暖かなイメージの美しい黄色い花を咲かせて野原に彩りを添えているのに対して、チチコグサは花も小さく、色は暗い紫褐色で目立たない。ハハコグサと同じ仲間であり、葉も細かい毛に覆われているのだが、ハハコグサに比べると毛が少なく、暖かみに欠ける、まったく影の薄い存在である。ある植物図鑑の解説には「ハハコグサに似るがやや痩せた感じがする」とあった。世の父親にとっては何とも身につまされる思いだろうが、チチコグサを見ると、この図鑑の表現はいい得て妙であると認めざるを得ない。やはり、父親は母と子の絆の強さには勝てないのだ

61　チチコグサ

ろうか。

それだけではない。ハハコグサは可憐な花に似合わず、どこにでもたくましく生えているのに対して、チチコグサは生えている場所が限られていて、どこにでも見られるという植物ではない。さらに、このチチコグサ、最近ではだんだんと少なくなってきている。ハハコグサに比べると、チチコグサはどうしても、弱々しい感じがぬぐえない。

見愛《め》でてはよき名つけける仏の座父子草《ちちこぐさ》など畦《あぜ》ゆくに踏む（窪田《くぼた》空穂《うつぼ》）

気の毒なことに、歌集『丘陵地』所収のこの歌では、チチコグサは踏みつけられている。

確かに、チチコグサは乾いた芝生の隅など、踏まれやすい場所によく生えている。何だか、家庭に居場所がなく、ゴルフ場に追いやられた父親の姿を見るようで、どこか悲しくもある。

「地震、雷、火事、親父」という言葉は、すでに過去のものなのだろうか。かつて、家のなかで父親は、ひときわ大きくどっしりとしたものだった。そして父親は、子どもたちにとっては厳しくてこわい存在だったのである。

ところが、最近では父親の威厳と尊厳はすっかり失われているように見える。家庭における父親の存在の薄さがいわれて久しいが、チチコグサの衰退はそんな現象をダブらせる。

そのようなチチコグサに代わって広がりつつあるのが、その名も「チチコグサモドキ」（父子草もどき）という植物である。モドキは漢字で「擬き」であり、似て非なるものを意味する言葉である。

威厳のある父親が減り、友だちのようなお父さんが増えている現代の日本で、「父子草」を圧倒する「父子草もどき」の増殖ぶりは、どこか暗示的である。

チチコグサモドキは北アメリカ原産の帰化植物である。さらに帰化植物では、チチコグサモドキだけでなく、最近ではアメリカからやってきたチチコグサの仲間が台頭してきている。ウラジロチチコグサ（裏白父子草）も、最近ではよく目立つ雑草である。ハラグロ（腹黒）でないだけよかったが、その名の通り裏が真っ白の広いロゼット葉が、あちらこちらに広がっている。そのほかにも、ウスベニチチコグサ（薄紅父子草）、タチチチコグサ（立父子草）など、北米や南米からやってきたチチコグサが、世の中に蔓延している。

最近では、お父さんというより「パパ」という呼称をよく耳にする。なかには、「ダディ」と呼ばせる父親までいるらしい。まさにアメリカからやってきた父親スタイルである。

公園の芝生を見れば、アメリカ原産のチチコグサがいたるところに生えている。威厳をなくしただけではなく、ついには居場所を失ってしまった古きよき日本のチチコグサは、いったいどこへ行ってしまったのだろう。

ナズナ

薺　アブラナ科

春の来ない冬はない

ナズナという標準和名よりも、「ぺんぺん草」の異名のほうが、なじみが深いかもしれない。三角形の実の形が三味線のバチに似ていることから、三味線の音にちなんでぺんぺん草と呼ばれている。

よく家が落ちぶれると「屋根にぺんぺん草が生える」といわれるが、実際には屋根の上にナズナが生えることはほとんどない。ナズナの種子は風で舞い上がったり、鳥に運ばれたりすることはないので、屋根の高さまで飛ぶことができないからである。傷んだ草葺《くさぶき》の屋根に生えた植物の正体は、風に乗せて綿毛で種子を飛ばすことができるキク科の野草である。もっともナズナは繁殖力が旺盛で、庭や畑にすぐに繁茂してうらぶれた感じにしてしまうので、貧乏草とも呼ばれている。実際に屋根に生えることはないものの、落ちぶれた家の屋根には、ふさわしいイメージだったのだろう。

しかし、貧乏草とさげすまれる一方で、ナズナは野の花として親しまれている。

ナズナは草花遊びの材料としてもなじみ深い。実を引っ張って皮をむき、茎をくるくるとまわすと、でんでん太鼓のように、実がぶつかりあってシャラシャラと音がする。これが子どものおもちゃの代わりになった。

名前に「菜」とつくくらいだから、ナズナは当然、食べられる。江戸の川柳に、「なずな売り元はただだと値切られる」というのがある。ナズナは、野菜の少ない冬場には、菜っ葉として重宝されていて、ナズナを売る商売人まで出現したのである。「せり なずな ごぎょう はこべら ほとけのざ」の歌で有名な春の七草にも、ナズナは数えられている。一月七日の人日《じんじつ》の節句には「七草なずな、唐土の鳥が渡らぬうちに ストトントン」と歌いながら、七草をたたいて七草がゆを作る。語呂のよさもあるだろうが、「七草なずな」と歌われるように、ナズナは春の七草の代表的な存在といっていいだろう。地域によっては、ナズナのことをそのまま「ナナクサ」と呼ぶところさえあるくらいだ。

春の七草に数えられる野草のなかでは、ナズナがもっとも味がよいとされている。とくに、葉の切れ込みが深いものほど味がよいという。寒さにあった葉は深く切れ込んでしまうが、寒さに耐えた葉ほど甘味が増しておいしくなるからである。

ナズナだけでなく、春の七草にあげられている植物は、いずれも寒さに負けずに緑の葉を広げていたものばかりである。正月に七草を食べると一年間無病息災で過ごせ

67　ナズナ

るといわれたのは、ビタミンなどを補給する効果があっただけでなく、七草の生命力が邪気を払うと信じられていたためでもあったのだ。しかし考えてみれば、冬の寒さに耐えるだけならば、種子や球根で暖かな土の中で冬越しをするのが、もっともリスクが少ない。どうして春の七草はわざわざ寒い冬に葉を広げているのだろうか。

ほかの植物が土の中で眠っている冬の間、春の七草は寒さのなかに葉を広げて光合成をしている。弱い光であっても、冬の間、光合成をしていれば栄養分を蓄積することができる。そして、その栄養分を使って、春になると茎を伸ばして花を咲かせることができるのである。春になって暖かくなってから芽を出していたのでは、ほかの植物よりも早く花を咲かせることはできない。しかし、寒い冬の間も葉を広げていた野の草たちは、ほかの植物がまだ生えそろわないうちに生長を遂げ、他に先駆けて花を咲かせることができる。こうして春の野の花は無用な生存競争を回避し、いち早く動き始めた昆虫を独占して花粉を運んでもらうことができるのである。

早春に花を咲かせて、私たちに春の訪れを感じさせてくれる野の花は、どれも冬の厳しい寒さを知る植物ばかりである。彼らにとって、冬は決して耐えるだけの季節ではない。ほかの植物が眠っているときだからこそ、自分たちはいち早く花を咲かせることができる。彼らにとって、冬はなくてはならない季節なのである。

ノビル　野蒜　ユリ科

寺に入るべからず

ノビルは野に生える蒜《ひる》という意味である。蒜とはネギやアサツキなど、においのあるネギ属の野菜を意味する古い言葉である。ちなみににおいの強いニンニクは古名を「大蒜《おおひる》」という。

禅寺などの門前の戒壇石《かいだんせき》に「不許葷酒入山門」（葷酒山門《くんしゆさんもん》に入《い》るを許さず）と書かれていることがある。葷酒とは葷菜と酒のことである。そして葷菜というのがネギ、ニンニク、ニラ、ノビル、ラッキョウのにおいの強い五種のネギ属の植物である。

葷菜は、生臭いにおいが不浄な心を生じるとして嫌ったのだという。しかし、実際には葷菜が寺院で嫌われたのは、精力がついて無の境地に入れないからというのが真相らしい。

蒜という呼び名は、食べると辛くて舌がヒリヒリすることに由来するといわれている。

ノビルは、ニンニクやラッキョウと同じように鱗茎《りんけい》の部分を食用にする。ノビルは生のままあぶったり、ゆがいたりして、味噌をつけて食べるととてもおいしい。日本酒にはぴったりである。禁欲を実践し、修行に励む仏僧に食するのを禁じたのも無理のない話である。また、鱗茎だけでなく葉の部分もネギやニラと同じように食用にすることができる。『万葉集』に、

醤酢《ひしほす》に蒜《ひる》搗《つ》き合《か》てて鯛《たひ》願ふ我にな見えそ水葱《なぎ》の羹《あつもの》（巻十六、三八二九）

という歌がある。「酢味噌和えのノビルと、鯛を食べたいと思っている私に、ナギ（ミズアオイ）の汁など見せないでほしい」という意味である。

ミズアオイは、いまでは絶滅危惧種とされている貴重な水草である。この貴重なミズアオイをさしおいて、素朴なノビルが鯛と並んでおいしい料理にされている。しかし、いまではノビルを掘って食べる人も少ない。ほかにおいしいものが、いくらでもあるということでもあるのだろう。

かつて焼畑の村で古老の方に話をうかがったとき、

「昔は、口にするのは稗《ひえ》や麦ばかりで、ほかに食べるものがなかったが、それでもノビルは乞食が食べるものだから食べなかった」

71　ノビル

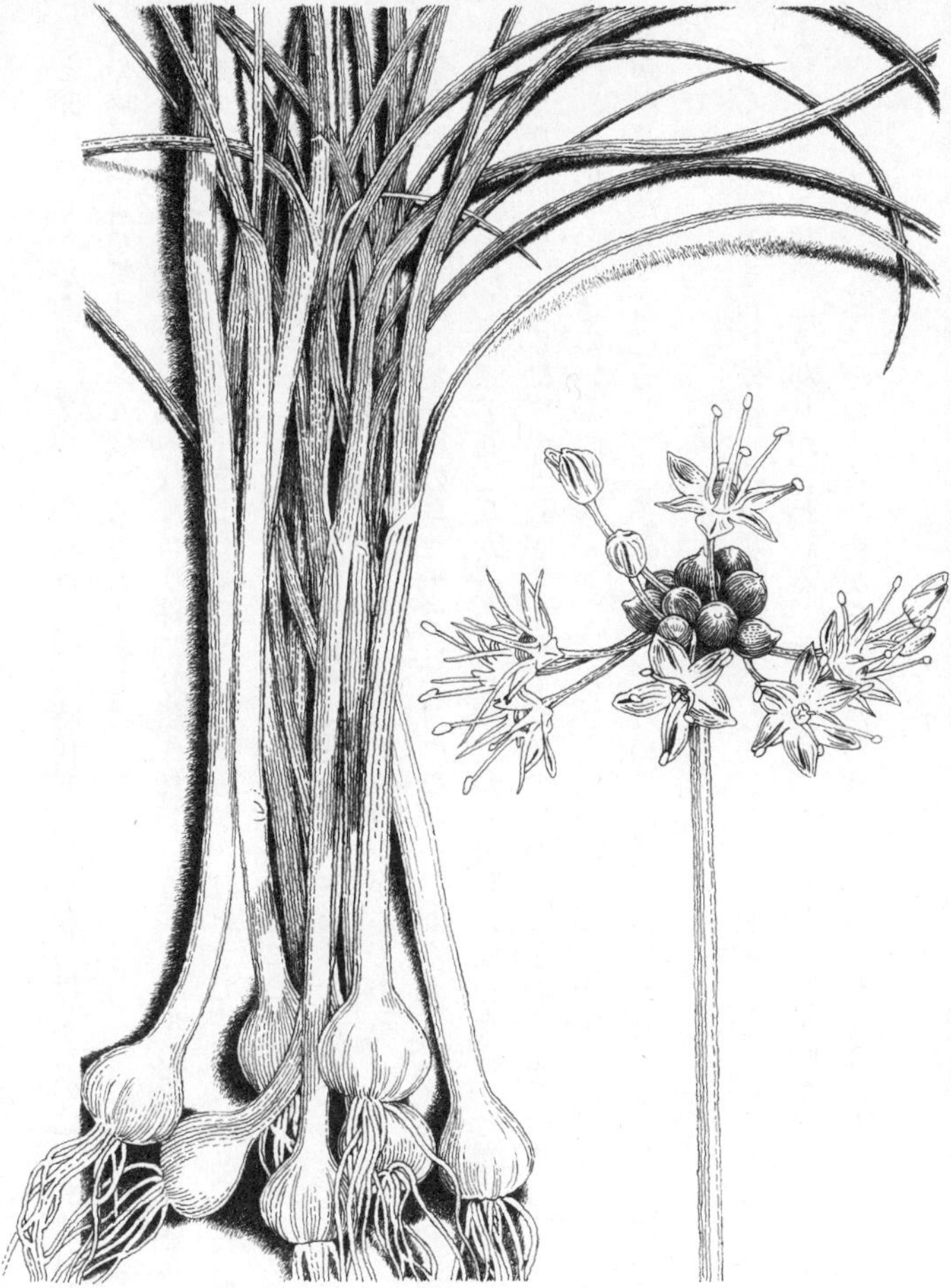

と聞いたことがある。ノビルの味はいつの時代も変わらないはずなのに、評価は時代や場所によってずいぶん変わるものである。

ノビルなどのネギ属の植物は、ユリ科に分類されている。ノビルの花は小さな花が集まっている。その小さな花をよく見ると、花びらが六枚あって確かにユリの花に似ているようにも見える。ユリの花にも花びらが六枚ある。ところが実際には、ユリの花びらは三枚で、残りの三枚はがくが変化して花びら状になったものである。そして、ノビルの花もユリと同じように、三枚が花びらで三枚ががくである。

葷菜といわれた同じネギ属のニラやラッキョウなども、よく似た花を咲かせる。

美しいユリと同じ構造の花を咲かせるノビルだが、実際には花を咲かせないことも少なくない。花になるはずの細胞が変化して、花の代わりにむかごをつけてしまうのである。花を咲かせている個体も、よく見ると一部がむかごに変化して、むかごと花とが混じったりする。そして、子孫を増やすためには種子の代わりにむかごをばらまくのである。

田んぼや畑のまわりには、花を咲かせないむかごだけの個体が多い。田んぼや畑のまわりでは、頻繁に草刈りが行われる。そのため、ゆっくりと花を咲かせて昆虫を呼び寄せ、受粉して種子をつける余裕がないのだろう。その点、むかごはクローンだから、悪条件でも自分一個体だけで子孫を残すことができるのだ。

このしたたかさとたくましさ。これこそが、葷菜と呼ばれる五種の植物のなかで、ノビルが唯一、雑草として頑張っている理由なのだろう。

ヨモギ

蓬　キク科

乾いた風がよく似合う

かくとだにえやはいふきのさしも草さしもしらじな燃ゆる思ひを

『百人一首』の五十一番にある藤原実方朝臣《ふじわらのさねかたあそん》の歌の意味は、「これほどまで、あなたを思っているということさえ打ち明けることができずにいるのですから、伊吹山のさしも草が燃えるように、私の燃えるような思いが、それほどまで（さしも）とは、あなたは知らないことでしょう」という意味である。恋の炎のように燃えるという「さしも草」は漢字では「指燃草」が当てられる。いかにもよく燃えそうな草の名前だが、この草の正体はヨモギである。ヨモギはお灸に使う、もぐさの材料となる。そもそも、ヨモギという名前も「よく燃える木」に由来し、善燃木《よもぎ》になったという説があるくらいなのだ。

ヨモギの葉の裏は白く見えるが、よく見ると白い細かい毛がびっしりと生えている。

75　ヨモギ

乾燥させた葉を臼でていねいに搗《つ》いて篩《ふるい》に掛け、この細かい毛を集めたものが、もぐさである。

もともと、ヨモギの原産地は中央アジアの乾燥地帯だったと考えられている。植物は葉の裏の気孔を開いて呼吸をするが、このときに水分も水蒸気となって出ていってしまう。ところが、乾燥地帯に暮らしているヨモギにとって、気孔が開くたびに貴重な水分が逃げていくのはたまらない。そこでヨモギは、葉の裏に細かい毛を絡ませて、空気は通すが水分は通さないようにしているのである。顕微鏡で見ると、この毛は一本が途中から二つに分かれている。これは、アルファベットのTのような構造になっているので「T字毛」と呼ばれている。まるで一本の毛根から何本かの毛を出させる増毛法と同じように、ヨモギは苦心して毛の数を多くしているのである。しかも、この毛はロウを含んでいて、水分を逃がさないしくみになっている。お灸がロウソクのように時間をかけてじっくりと燃えることができるのも、もぐさがロウを含んでいるためなのだ。

ヨモギを草餅に利用することも、もとを正せばヨモギが乾燥地帯で発達させたT字毛が関係している。餅にヨモギの葉をまぜると、細かな毛が絡み合って粘り気が増す。つまり、もともとは、色や香りをつけるためでなく、つなぎとしてヨモギを餅に混ぜたのである。

また、ヨモギは独特の香りを持っている。乾燥地帯に生える植物は、抗菌物質などの化学物質を発達させているものが少なくない。乾燥地帯を原産地にもつヨモギも、害虫や雑菌から身を守るために、苦労に苦労を重ねてさまざまな香りの高い精油成分を身につけた。ヨモギに強い香りがするのはこのためである。そして、これらの香りの高い精油成分はさまざまな薬効があるので、ヨモギは古くから薬草として用いられてきた。

それだけではない。ヨモギの原産地である乾燥地帯は、花粉を運んでくれる昆虫が少なかったのだろう。ヨモギは昆虫に花粉を運ばせる虫媒花であることをやめて、ふたたび風で花粉を運ぶ風媒花への道を歩んだ。

植物は風媒花から、虫媒花へと進化したといわれている。なかでもタンポポやヒマワリなどのキク科の植物は、虫媒花のなかでももっとも進化したグループである。ヨモギはそのキク科の植物なのに、逆行して虫媒花から、ふたたび風媒花に転換したのである。虫媒花は、昆虫を呼び寄せるために、美しい花びらで花を目立たせ、甘い蜜の香りをただよわせるが、風媒花のヨモギは花びらもなく、地味で目立たない。花から花へと効率よく花粉を運んでくれる昆虫に期待できないので、その代わり風にまかせて大量の花粉を飛ばさなければならない。そのためヨモギは花粉症の原因になる植物として嫌われている。子孫を残すためにヨモギが懸命に花粉を飛ばすたびに、人間は顔をしかめて嫌な顔をするのだ。

お灸や草餅では、さんざん人間に尽くしてきたのに、いまではずいぶん暮らしにくい時代になったとヨモギは嘆いていることだろう。

カラスノエンドウ 烏野豌豆 マメ科

カラスとスズメの知恵比べ

田んぼの畦や畑のまわりでピンク色の美しい花を咲かせて春を演出するのがカラスノエンドウである。ピンク色の花は遠めに見ると、レンゲに似ていなくもないが、近くに寄ってみれば、確かに花はエンドウに似ている。

カラスノエンドウは「烏野豌豆」である。カラスノエンドウは熟すと莢《さや》が真っ黒になる。この莢の色がカラスに見立てられたとされている。

カラスノエンドウに対してスズメノエンドウ（雀野豌豆）もある。スズメノエンドウはカラスノエンドウよりも小さいことから、カラスに対してスズメと名づけられた。

ところが、同じ仲間に、大きなカラスノエンドウと小さなスズメノエンドウの中間の大きさのものがある。この植物にはいったいどのような名前がつけられただろうか。

この植物の名前はカスマグサである。カラスとスズメの中間の大きさであることから、「カ」と「ス」の間という意味でカスマグサと名づけられたのである。まるでとんち問答のようなひねりのきいた名前である。

ちなみにカスマグサと同じようなセンスでつけられた名前にヘチマがある。ヘチマはもともと「と瓜」という名前だった。と瓜の「と」は、「いろはにほへとちりぬるを」のいろは四十八文字では「へ」と「チ」の間にある。そのため「へ」と「チ」の間という意味でヘチマと名づけられたのだ。本当に、昔の人の言葉遊びのセンスには感心させられる。

カラスノエンドウとスズメノエンドウはよく似た植物だが、身を守る方法については、異なるアイデアを採用している。

スズメノエンドウは体内に抗菌や抗酸化作用のある物質を含んでいる。この物質で病原菌や害虫から身を守ろうと考えているのである。一方、カラスノエンドウは抗菌物質の代わりに、甘い蜜を作り出した。どうして身を守るために蜜を選んだのだろう。

植物が作り出す蜜は、花粉を運んでくれる昆虫を呼び寄せるために花の中に用意されているのがふつうである。ところがカラスノエンドウは、花だけでなく、葉の付け根からも蜜を出しているのだ。葉の付け根をよく見ると、黒い斑点があるが、これが蜜を出す蜜腺《みつせん》である。この甘い蜜を求めてアリが、カラスノエンドウに集まってくる。じつは、カラスノエンドウはアリをボディガードにして自分の身を守ろうとしているのである。アリにはちっぽけなイメージしかないが、昆虫界ではなかなかの強い存在

81　カラスノエンドウ

である。毒針を持つハチでさえ、アリの襲撃を防ぐために、木の枝にぶらさがった巣を作り、根もとにアリの忌避物質を塗って、用心していることがあるくらいである。アリは蜜を出す蜜腺を守ろうと、やってくる昆虫を追い払う。こうして、カラスノエンドウは報酬としてアリに蜜を与えることで、身を守ろうとしているのである。

ところが世の中、必ずしもうまくはいかないものである。

ボディガードを雇っているはずなのに、害虫であるアブラムシがいっぱいついているカラスノエンドウを見かける。じつは、アブラムシは針のようなストロー状の口をカラスノエンドウの茎に突き刺して栄養分を吸い出し、余った糖分をお尻から甘露として排出する。アリはこのアブラムシの甘露が大好物である。そのため、あろうことかカラスノエンドウは見棄てられ、アブラムシのボディガードを買って出たアリは、テントウムシなど、アブラムシの天敵を追い払うのである。せっかく用意した蜜を奪われたうえに、頼りのボディガードにまで寝返られてしまってはたまらない。カラスノエンドウの防御対策は、成功を収めているとは言いがたいようだ。

一方のスズメノエンドウには、アブラムシがあまりついていない。どうやら、身を守る方法を競ったカラスとスズメの知恵比べは、いまのところスズメのほうに軍配が上がっているようである。

ジシバリ——地縛り　キク科

お花畑で泣かされて

「小僧泣かせ」という別名を持つ雑草がある。年季奉公の小僧さんたちは、よく庭の草むしりなどの雑用をやらされた。いくら取っても取ってもとりきれないしつこい雑草が「小僧泣かせ」なのである。小僧泣かせと呼ばれる雑草には、イネ科のスズメノカタビラや、ナデシコ科のツメクサなどがある。

ところが、小僧泣かせよりも、さらにしつこいことから「小僧殺し」と呼ばれた雑草がある。ジシバリである。小僧を殺してしまうような草取りを強いるジシバリとは、いったいどのような雑草なのだろう。

恐ろしい別名を持つジシバリだが、意外なことにタンポポによく似たかわいらしい花を咲かせる。ただし、タンポポに比べると花びらの数は少なく、少し貧相で、茎も細くやわらかで、繊細な感じがする。

しかし、決して弱い植物ではない。ジシバリの名は「地縛り」に由来する。茎をつぎつぎに這わせて、枝分かれしながら根を下ろし、まるで地面を縛るかのように増殖して、どんどん広がっていくのだ。しかも、茎が切断されると、茎の断片の一つ一つから芽を出して、増殖してしまうため、下手に草刈りをしたり、土を耕すと、かえって増えてしまう。まさに、取っても取っても取りきれないしつこい雑草なのである。その昔はやっかいな雑草の代表として「畑にジシバリ、田にヒルムシロ」といわれた。かわいらしい花に似合わず、それほどまでに人々に恐れられた雑草だったのである。

ニガナ、ノゲシ、オニタビラコ、コオニタビラコ、日本タンポポ、ヘビイチゴなど、春に花を咲かせる野の花は、ジシバリと同じように黄色い花を咲かせるものが多い。

春になっていち早く活動を開始する昆虫はアブである。アブには黄色を好む性質がある。そのため、早春に咲く花は、黄色い花を咲かせてアブを呼び寄せようとしているのだ。

ただし、アブには欠点がある。ミツバチは花の種類を覚えていて、同じ種類の花々に飛んでまわって蜜を集める。これは花にとっては都合がいい。苦労して虫を呼び寄せて虫の体につけた花粉は、同じ種類の花に運んでもらわなければ意味がないのだ。ところが、アブはあまり頭のいい昆虫ではないので節操なくさまざまな花を飛びまわってしまう。このため、やっと花を訪れてきたアブにせっかく花粉をつけても、まったく別の種類の花に運ばれてしまう危険があるのだ。

それだけではない。ミツバチが四枚の翅《はね》を持ち、花粉を遠くへ運ぶ能力を持っているのに対して、翅が二枚のアブは、小回り旋回するのは得意だが、遠くまで飛ぶことができない。

そこで、春に咲く黄色い花は一面に咲くことを考えた。まとまって一面に咲いていれば、アブは遠くへ行くことなく近くにある花を飛んでまわるから、同じ種類の花のまわりを飛ぶことになる。そのため春に咲く黄色い花は群生して、春のお花畑を作るのである。

ジシバリも同じである。ジシバリも地面の上に茎を這わせて群生し、黄色い花のお花畑を作る。一面に咲くジシバリの花は美しい。

しかし、花が終われば、地面に広がったジシバリの茎と葉だけが残る。そして、その茎と葉を取り除こうとすれば、まさに「小僧殺し」と呼ばれるほどの一大事を引き起こしてしまうのである。

スイバ

酸い葉　タデ科

男と女のラブゲーム

女性は、男が上げた便座を上げっぱなしにしていることに柳眉《りゅうび》をさかだて、男性は女が便座を下げっぱなしにしていることに腹を立てる。男と女とは、かくのごとくわかりあえないものである。その点、植物は一つの花のなかに男である雄しべと女である雌しべをあわせもっているから、男女のすれ違いの悩みはないのかもしれない。

それにしても、一つの個体のなかに雄と雌とがあるというのは、われわれ人間から考えると何とも奇妙である。

動くことができない植物は、動物のように動きまわって結婚相手を探せない。そのため、まだ見ぬパートナーに思いを寄せながら、昆虫や風に花粉を託して運んでもらうことしかできないのである。さらに、もし男の花と女の花とが別々にあったとしたら、やっとたどりついた先が男の花という事態も起こりうる。そのため、植物は同じ花の中に雄と雌をあわせもって、効率よくパートナーを探せるようになっているのである。

雄と雌とをあわせもつことは、このようにメリットがある。それなのに、植物種の四パーセントは、雄花のみを咲かせる雄の株と、雌花のみを咲かせる雌の株にわかれている。

「スカンポ」の別名で知られるスイバも雄株と雌株を持つ雌雄異株《しゆういかぶ》である。

もちろん、雌雄異株にもそれなりの理由がある。一つの花の中に雄しべと雌しべがあると、自分の花粉で受粉して近親交配を引き起こす恐れがある。そのため植物の花は、雄しべと雌しべの成熟時期をずらしたり、雌しべについた自分の花粉を認識して生長を抑制させるなど、さまざまなしくみを発達させて、近親交配を防いでいる。

しかし、そんなに複雑なしくみを発達させるよりも、雄と雌とをわけるほうが手っ取り早い。そこで、植物のなかには一つの株のなかに雄花と雌花をわけてつけるものが出現し、さらに雄の株と雌の株とをわけるものがあらわれたのである。

種子を実らせるのに比べて、花粉を作るほうがコストはかからず悪条件でも受粉できるので、植物のなかには生育程度に応じて、雄になったり雌になったりするものもあるが、スイバは人間と同じようにXY型の性染色体を持っている。ただし、性決定のしくみは人間のようにY染色体によって決まるのではなく、X染色体と常染色体の比によって決まる。

89　スイバ

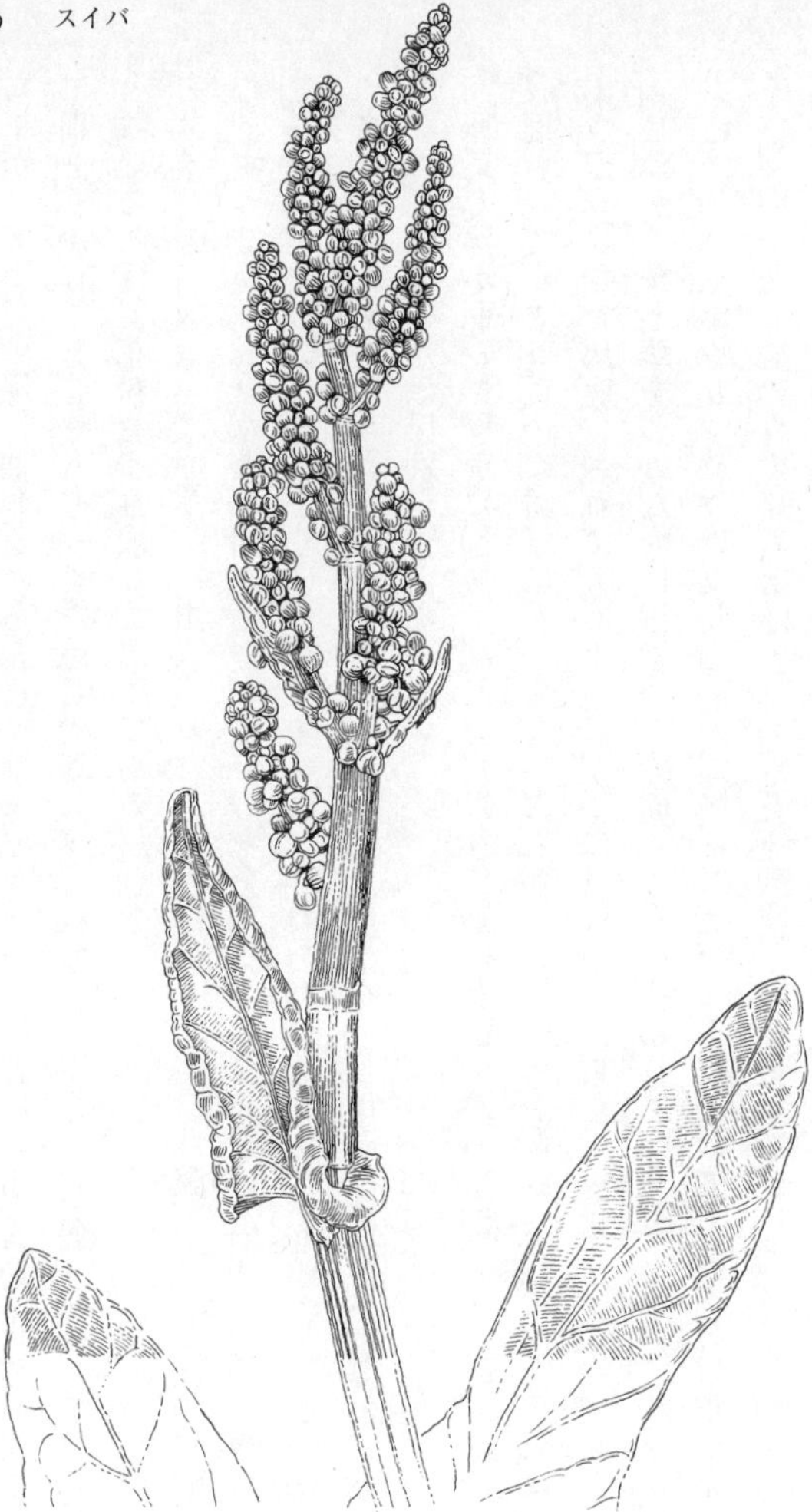

スイバは風で花粉を運ぶ風媒花である。そのため雄花を見ると、大きな雄しべがぶら下がっていて、風に揺れながら花粉を飛ばす。一方、雌花は花粉を受け止めるために細くわかれてもじゃもじゃした感じの雌しべを花の外に出している。こうして雄株と雌株との間で花粉をやり取りするのである。

スイバの名前は「酸い葉」に由来する。スイバはシュウ酸（蓚酸）を含むために噛むとすっぱい。シュウ酸は病原菌や害虫から身を守るためにスイバが身につけた物質であるが、人間には適度な酸味を感じさせる。そのためヨーロッパではソレルと呼ばれて、野菜として食用にされてきた。しかし残念ながら、食用となる若葉のころには、雄なのか雌なのかは区別がつかない。

野菜ではホウレンソウにもスイバと同じように雄株と雌株があるが、花が咲く前に収穫されてしまうために雌雄はわからないことが多い。収穫が遅れて花茎が伸びれば、トウが立ったと馬鹿にされて人間からは相手にされないからだ。

「せっかく雄と雌をわけたのに、まったく同じように扱われて」

とスイバやホウレンソウは文句をいっていることだろう。せめて、スイバの花が赤く色づいたら、雄の株の雄花と雌の株の雌花を観察して、男女をわけたスイバの努力に報いてあげるとしよう。

タンポポ

悪者は誰だ

蒲公英　キク科

よく知られているようにタンポポには、もともと日本に自生している在来の日本タンポポと、明治以降に外国からやってきた外来タンポポとがある。

在来のタンポポと外来のタンポポは、花の下側にある総包片《そうほうへん》で見わけることができる。外来タンポポは総包片が反り返るのに対して、日本タンポポは反り返らないのだ。

最近では、外来のタンポポの分布が広がり、日本タンポポの分布は減少しつつある。各地で行われている分布調査の変遷を見ても、日本タンポポの分布は、年々、郊外に追いやられているようだ。そのため、外来タンポポのほうが強く、在来タンポポを駆逐しているイメージがある。しかし、はたして本当にそうだろうか。

日本のタンポポは春になると花を咲かせるのに対して、外来タンポポは一年中いつでも花を咲かせることができる。春以外の季節に見かけるタンポポは、ほとんどの場合が外来タンポポである。それだけではない。外来タンポポは日本のタンポポに比べて、小さな種子をたくさん生産する。小さな種子は軽いので遠くまで飛ぶことができるし、種子が多いことは繁殖力という点ではきわめて有利である。

それだけではない。外来タンポポは、ほかの個体と花粉を交雑しなくても、クローンの種子を作るという特殊な能力を持っている。そのため、たった一株あれば、仲間がいなくても種子を生産することができる。これは、新天地に勢力を拡大していくうえで、きわめて有利な性質である。

こうした優れた繁殖特性によって、外来タンポポは分布を拡大しているのである。

それでは、外来タンポポと日本タンポポでは、外来タンポポのほうがすべてにおいて強いかというと、必ずしもそうでもない。意外なことに日本タンポポが生えている場所に、外来タンポポはなかなか侵入することができないのである。

確かに、外来タンポポのように種子の数が多いほうが、一見すると優れているように見える。しかし、種子が小さいと芽生えのサイズも小さくなるから、ほかの植物との競争には不利である。ほかの植物に負けずに芽生えが成功するには、種子もある程度の大きさが必要なのだ。そのため日本のタンポポは、外来タンポポに比べると種子の数が少なくなっても、大きめの種子を作る戦略を選んでいるのである。

また、日本のタンポポが春にしか咲かないことにも理由がある。日本の四季を考えると、高温多湿な夏には、たくさんの植物が生い茂る。そのため日本タンポポは、ほ

93　タンポポ

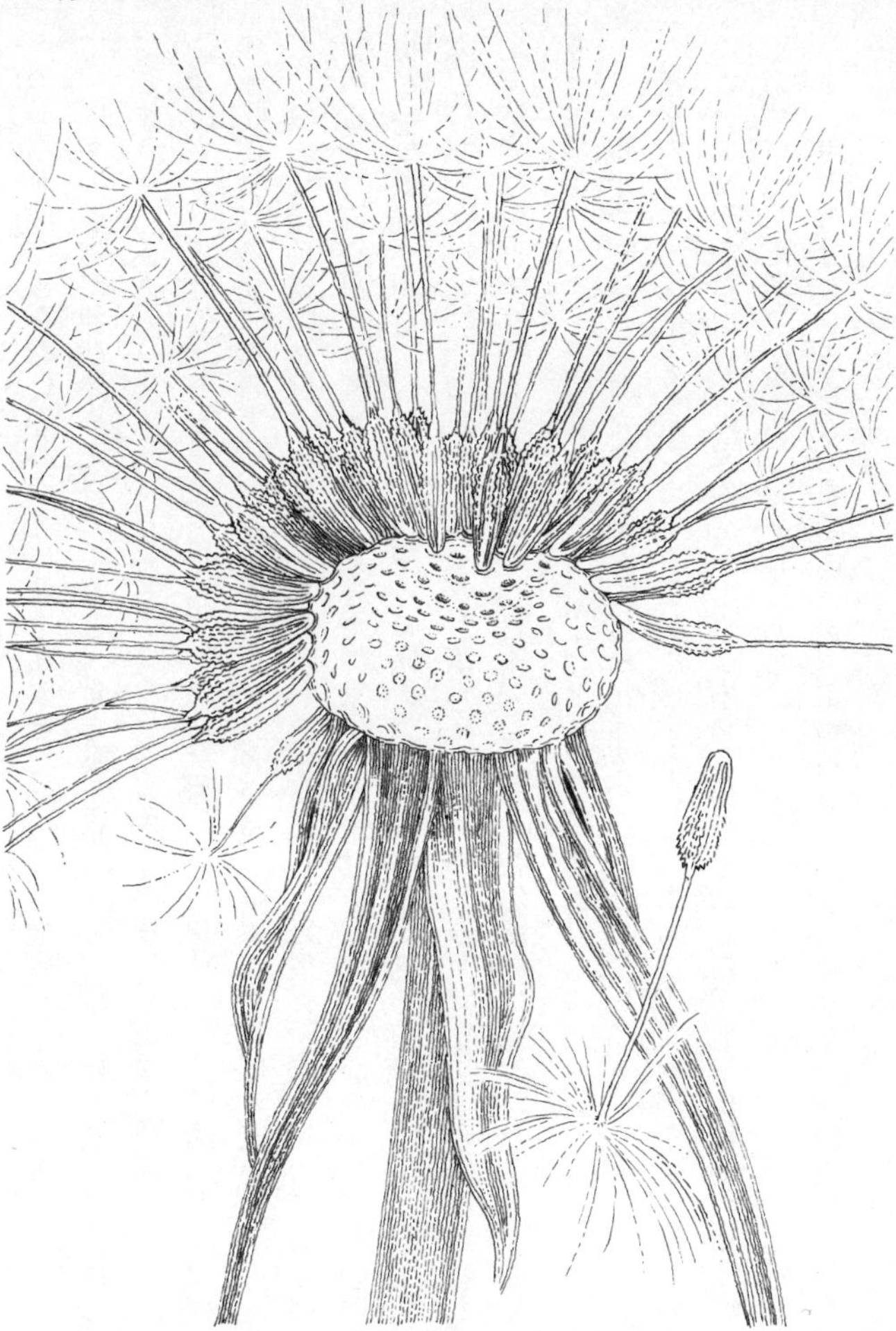

かの植物が伸びきらない春のうちに花を咲かせて、種子を飛ばしてしまうのだ。そして、ほかの植物が伸び始めた夏になると、自ら葉を枯らして、根だけを残して休眠してしまうのである。このように休眠して暑い夏をやり過ごすことを、冬眠に対して「夏眠《かみん》」と呼んでいる。こうしてほかの植物が旺盛に生い茂る夏をやり過ごし、ほかの植物が枯れる秋になるとふたたび葉を広げ、冬を越して春に花を咲かせる。

このように日本のタンポポは、日本の自然を知り尽くした生存戦略を持っているのである。ところが、外国からやってきた外来タンポポは違う。小さな種子はほかの植物との競争に不利だし、なにしろ多くの植物が生い茂る夏に花を咲かせようとしても、太刀打ちできない。そのため、外来タンポポはほかの植物が生えないような都市化した環境では生育できるものの、豊かな日本の自然が残る場所では生存することが難しいのである。

タンポポたちは、自分たちに適した場所に生えているだけである。

在来の日本タンポポが減っているとしたら、それは日本の豊かな自然が失われているることにほかならない。外来のタンポポが増えているとしたら、それは植物の生えにくい都市化した環境が増えている証《あかし》である。

タンポポの分布を決めているのは、タンポポ自身ではなく、私たち人間なのである。

ゲンノショウコ

源平の代理戦争

現の証拠　フウロソウ科

電気の周波数は、富士川より東が五〇ヘルツで、富士川より西が六〇ヘルツと東西で二分されている。このように同じ国のなかで周波数が二つある国は珍しい。これは、明治時代に関東にはドイツから五〇ヘルツの発電機、関西にはアメリカから六〇ヘルツの発電機がそれぞれ輸入されたためである。

不思議なことに、ゲンノショウコの分布も、電気の周波数と同じように富士川で東西にわかれるという。ゲンノショウコには白い花の白色系と、ピンク色をした紅色系とがあるが、富士川付近を境にして、東日本では白花が多く、西日本では紅花が多く分布しているというのである。

奇しくも富士川といえば、白い旗色の東国の源氏と赤い旗色の西国の平家が「富士川の合戦」を戦った場でもある。富士川の合戦では敗れた平家が西へと退散したが、ゲンノショウコの世界では、いまも赤花と白花とが富士川をはさんでしのぎを削っている。

花が咲き終わった後にできる実は、熟すと下から裂開《れっかい》して反り返り、種子をはじき飛ばす。こうして種子を散布して反り返った実の形が、お祭りのときにかつぐおみこしに似ていることからゲンノショウコには「みこし草」の別名もある。

ところで、ゲンノショウコの名は「現の証拠」という意味である。

ゲンノショウコは、古くから下痢止めの薬草として知られていた。『本草綱目啓蒙』（一八〇三年刊）には、「根苗ともに粉末にして一味用いて痢疾《りしつ》を療するに効あり、故にゲンノショウコと言う」と記載されている。つまり、その薬効はきわめて強く、「これが証拠」とばかりにピタリと効くことから「現の証拠」という名前がつけられた。あまりの効き目にゲンノショウコには「医者いらず」という別名もある。さらには「医者殺し」と呼ばれることもある。毒草ではなく、薬草なのに「殺し」とは、ずいぶん物騒な名前であるが、医者が困るくらい薬効があらたかということなのだろう。

薬草のゲンノショウコが多く含む成分は、タンニンである。タンニンはお茶や渋柿の苦味成分としても知られている。タンニンにはたんぱく質などと結合して凝集させる収斂《しゅうれん》作用がある。この収斂作用によって、下痢をたちどころに抑えるのである。

それにしてもゲンノショウコは、どうして人間の下痢を治す成分などを持っているのだろうか。

97　ゲンノショウコ

たんぱく質を変性させる収斂作用によって下痢を抑えるタンニンは、ゲンノショウコが自分の身を守るために作り出した物質である。タンニンには昆虫の体内にある消化酵素を変性させる作用がある。この作用で害虫の食欲を減退させようとしているのだ。タンニンは低コストで生産できる化学物質なので、ゲンノショウコ以外にも、多くの植物が作り出している。

ところが不思議なことに、タンニンを含む植物の葉っぱを食べる昆虫もいる。驚いたことに、これらの昆虫は、消化酵素中にタンニンの作用を防ぐ物質を分泌して対抗し、葉っぱを食べ続けることができるのだ。

食べられる植物と、食べる昆虫の争いは熾烈である。すぐにお腹を壊してゲンノショウコのお世話になるひ弱な体の持ち主では、小さな虫けらにも笑われてしまうことだろう。

チドメグサ　血止め草　セリ科

地べたのパートナー

チドメグサは「血止め草」である。

チドメグサは血を凝固させる成分を含んでいるため、葉を揉んで、傷口に塗りつけると止血できる。その薬効から血止め草と名づけられたのである。

やや湿った場所を好むチドメグサは、畦道や、やや陰った道端など、ありふれた場所に生える。太陽の下で遊び、生傷の絶えない昔のわんぱくな子どもたちにとって、チドメグサはごく身近な野の草だったのだろう。

チドメグサは、昆虫に花粉を運んでもらう虫媒花である。

一般に虫媒花は、ハチやアブなどの昆虫を呼び寄せるために、美しい花びらで花を目立たせ、甘い蜜の香りをただよわせる。ところが、チドメグサは、花びらもないわずか数ミリの小さな花を咲かせるだけである。しかも、その小さな花は黄緑色をしていて、まるで目立たない。チドメグサの花は、いったいどのようにして昆虫を呼び寄せているのだろうか。

じつは、チドメグサはハチやアブを呼び寄せるようなことはしない。チドメグサの花粉を運ぶのは、地べたで暮らすアリである。アリはチドメグサの茎を伝いながら花から花へと蜜を集めて歩く。そして、口のまわりについた花粉を運んでいくのである。なにしろアリは働き者である。しかも、自分が食べるだけでなく、巣の中にいる仲間も養わなければならないので、勤勉にチドメグサの花々を歩きまわる。アリは花粉を運んでくれるパートナーとしては、じつに優れている。

アリはにおいだけで蜜を探すから、ハチやアブを呼び寄せるような美しい花びらで飾りつける必要がない。しかも、アリが相手だから花も小さくていいし、わずかな蜜のにおいだけで集まってくるから、蜜の量も少しでいい。チドメグサの花がごく小さくて目立たないのはそのためだったのである。現代風にいえば、チドメグサは革新的な花の低コスト化に成功しているといっていいだろう。

チドメグサはセリ科の植物だが、ほかのセリ科植物とはずいぶん違う姿をしている。セリやニンジン、シシウドのように、セリ科の植物というと葉が細かく分裂していて、白い小さな花が傘のように集まっているイメージが強い。ところが、チドメグサは、葉が丸く、花もほとんど目立たない。セリ科の植物の典型的なイメージからはかけ離れている。チドメグサは、花や果実の構造からセリ科に分類されているが、セリ

科のなかでも原始的な種であると考えられている。ただし最近では、チドメグサはセリ科とは別の分類とする考え方もある。

チドメグサの仲間は、世界に広く分布し、一〇〇種以上が知られている。英名ではチドメグサの仲間はウォーターペニーウォート（水辺に生えるペニー草）と呼ばれている。ペニーは英国の最小の単位の通貨で、アメリカでは一セントを指すこともある。日本でいえばちょうど一円玉に相当するだろう。チドメグサは葉っぱの形が、一ペニーのコインが並んでいるように見えるので、そう呼ばれているのだ。

最近では、チドメグサの仲間で大型のブラジルチドメグサと呼ばれる植物が、日本各地に侵入して猛威を振るっている。ブラジルチドメグサは、熱帯魚などの水槽に入れる観賞用の水草として輸入されたものが、川に捨てられて広がっていった。

無理やり日本に連れてこられたブラジルチドメグサに罪はないが、いきなり日本の自然のなかに入り込んで水辺に広がっていく外国産の植物が、ほかの生物にどのような影響を与えるか、まったく予測は不能である。

小さなチドメグサさえ、小さなアリと協力して暮らしている。現に今あるふるさとの生き物たちが支えあう営みは、それこそ長い時間をかけて築かれた繊細な世界なのである。

キランソウ――金瘡小草　シソ科

地獄からよみがえる

春の野に、かわいらしい紫色の花を咲かせるキランソウの別名は「地獄の釜のふた」である。地面に張りつくように放射状に広げた葉が、地面に閉じた「地獄の釜のふた」に見立てられたのである。

かわいい花には何とも似つかわしくないような気がするが、どうしてこんなにも恐ろしい別名がつけられたのであろうか。

じつはキランソウはさまざまな病気に対して薬効がある。そのため、キランソウを煎じて飲めば、地獄に行く道にふたをして、蘇生させてしまうといわれているのだ。このように「地獄の釜のふた」は、恐ろしいどころか、何ともありがたい薬草なのである。

私たちがキランソウを見ると、紫色の花に目がいくが、昔の人は花には目もくれずに薬効にちなんだ名前をつけた。それだけ、キランソウの薬効はあらたかだったのである。

そういえば、キランソウというのも不思議な名前であるが、名前の由来ははっきりしない。一説には、「キ」が紫の古語で、「ラン」は藍色を意味し、花の色から「紫藍色」に由来するともいわれている。また、茎を伸ばして地面に群生するようすが織物の金襴《きんらん》に似ていることから「金襴草」と名づけられたという説もある。

一方、漢名では「金瘡小草」と書く。金瘡《きんそう》とは刀傷のことである。キランソウの茎や葉の搾り汁を塗れば、切り傷や腫れ物にも効果がある。地域によっては「医者殺し」の別名があるほど、キランソウは万能の薬草だったのである。

キランソウは人里に近い場所に見られるのに対して、林のなかにはキランソウと近縁のジュウニヒトエがある。キランソウは地面に這いつくばって咲いているのに対して、ジュウニヒトエは茎が立ち上がっている。茎に花が重なりあって咲くようすが、平安時代の宮中の女性が着物を重ねて着た十二単に見立てられて名づけられたとされている。

ジュウニヒトエは小さな花が集まって咲いている。この小さな花をよく見てみると、下側に大きな花びらがついていて、それに覆いかぶさるように上側の花びらがついている。このような花の構造は、まるで上唇と下唇が口をあけているように見えるので唇形花《しんけいか》と呼ばれている。キランソウもよく見ると同じ構造である。

105　キランソウ

どうして、唇形花というような複雑な構造を持つようになったのであろうか。花は昆虫に花粉を運ばせることで受粉を行う。そのために花々は美しい花びらで自らを飾って目立たせて、報酬として甘い蜜を用意するのである。唇形花の目的もそれにつきる。

しかし、どんな昆虫にも蜜を分け与えるわけにはいかない。花粉を効率よく運んでくれるハナバチだけに蜜を与えればよい。そのため唇形花は蜜を花の奥深くに隠したのである。ハナバチは上唇と下唇の花びらの間から花の中へもぐりこんで蜜を吸う。この花の入り口はちょうどハナバチの体が通るだけの大きさになっていて、大型のハチや羽の大きなチョウが入ることを拒む。ハナバチは蜜を吸うと後ずさりして花の外に出てゆく。この後ずさりするということもハナバチ以外の昆虫にはできない行動なのである。もちろん、ハナバチに蜜を与える目的は、花粉を運んでもらうことにある。唇形花は上唇の下に雄しべと雌しべを隠している。そして、蜜探しに夢中になっているハチの背中に花粉をつけるのである。

ほかの昆虫と異なり、ハナバチは同じ種類の花を選んで飛びまわって花粉を運ぶことのできる高い能力を持っている。花々にとってハナバチはじつに魅力的なパートナーなのである。

ところが、キランソウとジュウニヒトエの花が、よく似ているということもあるのだろう。ハナバチのちょっとしたミステイクでキランソウの花粉がジュウニヒトエに運ばれてしまうことがある。しかも両種はきわめて近縁なので、交雑して雑種が作られてしまうのだ。こうして生まれた不遇の子は両種の名前を取ってジュウニキランソウと名づけられている。

キランソウの花が鮮やかな紫色をしているのに対して、ジュウニヒトエの花は白っぽい。また、キランソウは地面に張りついているがジュウニヒトエは茎を立ち上げる。ところが、ジュウニキランソウは花の色も、茎の伸び方もどちらともつかない中間的な性質を持っている。

私たち人間は、植物の種類を明確に区別したがるが、自然は、時にこんないたずらもする。自然というのは本当に奥深いものである。

トキワハゼ

常磐爆　ゴマノハグサ科

花の奥の秘め事

畦道に花を咲かせるありふれた野の草にトキワハゼがある。

トキワは「常磐《ときわ》」である。常磐は、もともと「とこいわ」が転訛した言葉で、岩のように永久に変わらないという意味である。それが転じて、一年中緑色を維持する常緑の植物には、トキワツユクサやトキワサンザシのように「トキワ」という言葉がつけられることがある。

ところがトキワハゼは、冬には枯れてしまう一年草である。どうしてトキワハゼは、「トキワ」と名づけられたのだろうか。

トキワハゼは春から秋まで、ほぼ一年中、花を咲かせている。この開花期間の長さから「常磐」と名づけられたのだ。

それではトキワハゼの「ハゼ」はどういう意味だろうか。「ハゼ」はウルシ科のハゼノキではない。トキワハゼは漢字では「常磐爆」と書く。じつは、果実が爆《は》ぜて種子を飛散させるようすから「爆《はぜ》」と名づけられたのである。

トキワハゼの花も、キランソウ（一〇三ページ）で紹介したように上唇と下唇にわかれた唇形花である。トキワハゼの下唇の鮮やかな黄色は、ハナバチを惹きつけるための目印である。そして、ハナバチがもぐりこむように上唇の花びらが覆いかぶさり、花の奥に蜜を隠している。

このように、トキワハゼはゴマノハグサ科の植物であるが、シソ科のキランソウとよく似た花の構造をしている。すでに紹介したように、ハナバチは、昆虫に花粉を運んでもらう植物にとって、魅力的なパートナーである。そのため、スミレ科のスミレや、ケシ科のムラサキケマンなど、まったく別の種類の花々が、どれもハナバチの好む紫色で、よく似た構造の花を咲かせているのである。

トキワハゼの仲間には、畦道に咲くムラサキサギゴケがある。紫色の花の唇形花を持つムラサキサギゴケも、トキワハゼと同じようにハナバチに花粉を運んでもらう花である。

ムラサキサギゴケの白花の変種は、花の形が、白サギが羽を広げて飛んでいるように見える。そして、一面に匍匐茎《ほふくけい》を出して広がるようすが苔のようなので「鷺苔」と名づけられた。本来であれば、サギゴケはムラサキサギゴケの白花種なのであるが、江戸時代には白花のサギゴケのほうが鉢栽培されて広まったことから、もとになった紫花の植物のほうが、ムラサキザギゴケと呼ばれるようになってしまったのである。

トキワハゼもムラサキサギゴケのように、ときどき白花の変種が見つかるが、ムラサキサギゴケは同じ株が毎年花を咲かせる多年草であるのに対し、トキワハゼは一年で枯れてしまう一年草なので、残念ながらトキワハゼは栽培されることはなく、もっぱら畦道の雑草として花を咲かせている。

ムラサキサギゴケとトキワハゼは、よく似ているが、ムラサキサギゴケにはトキワハゼにない興味深い特徴がある。

ムラサキサギゴケの花の中に隠された雌しべを、松葉やペン先などでつつくと、二つにわかれた柱頭の先端が、二枚貝が閉じるように見る間に閉じてしまう。これは、花の中にもぐりこんだ昆虫の体についている花粉を捉えるための運動である。

この動きを女性の股間に見立てたのだろうか、ムラサキサギゴケには、ジョロウバナ（女郎花）やヨメハンバナ（嫁はん花）、オカイチョウバナ（お開帳花）など、言うのをはばかってしまうような、少し卑猥な別名がつけられている。

こんな小さな野の花の柱頭運動を知っていた鋭い観察眼と、こんな美しい花に卑猥な名前をつけていたセンス。まったく昔の人の自然観には驚かされるばかりだ。

チガヤ

茅　イネ科

太らせた君が好き

夏に先駆けて吹く湿った南風は「つばな流し」と呼ばれている。「つばな」とはチガヤの花穂《かすい》のことである。春先に田んぼの畦や川の土手に群生したチガヤが、銀色に光るやわらかな穂を、一面に風になびかせている光景は壮観である。チガヤは、タンポポと同じように種子を風に乗せて遠くへ飛ばすので、夏が近づくと熟した穂が綿のようにほぐれて風に飛ばされていく。このチガヤの穂を飛ばしながら吹く風が「つばな流し」である。やわらかな穂は、昔、火打石で火をつけるときの火付け材としても用いられた。

チガヤの花穂であるつばなは、春のつぼみの時期にしゃぶるとかすかな甘味がある。それでも、甘いものの少なかった昔は、子どもたちの格好のおやつだった。江戸時代には、つばな売りまでいたというから、相当の人気だったのだろう。

チガヤは若い穂だけでなく、根茎や茎にも甘味がある。それもそのはず、じつはチガヤは、砂糖の原料となるサトウキビと分類学的に近い仲間の植物で、体内に糖分を

113　チガヤ

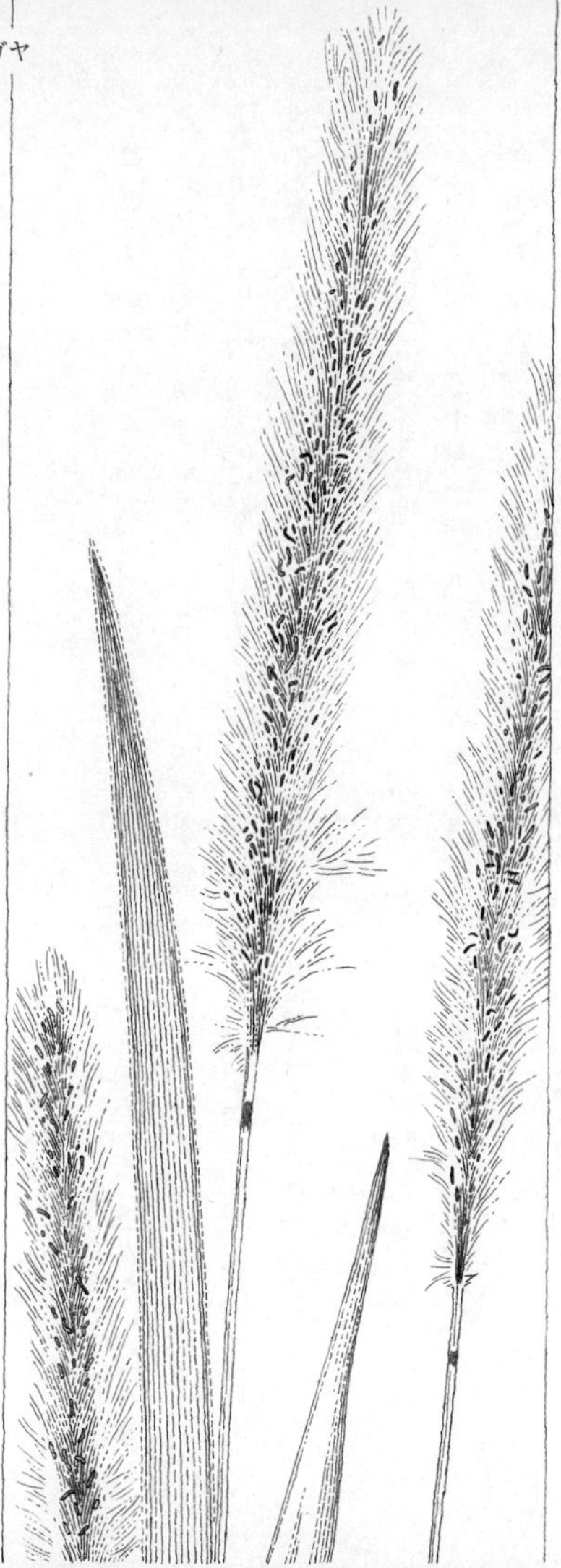

たくわえているのである。『万葉集』に収められた恋の歌のなかに、

わけがためわが手もすまに春の野に抜《ぬ》ける茅花《つばな》そ食《を》して肥えませ（巻八、一四六〇）

という歌がある。この歌は「あなたのために春の野で手を休めずに摘んだつばなを食べてどうぞ太ってください」という意味である。老若男女がこぞってダイエットに励む現代ならば、恋人に怒られそうな歌だが、甘いものの少なかった時代には、甘いものを食べて太ることが最高の贅沢であり、甘いつばなは相手が喜ぶ最高のプレゼントだったのだろう。

チガヤは風になびくと白い穂がよく目立つが、とがった葉をピンと立てているようすも凛としていてすがすがしい。チガヤは漢字で「茅」と書くが、草冠に武具の「矛《ほこ》」と書くのは、このとがった葉の形に由来しているという。

チガヤのとがった葉は邪気を払うと信じられていて、昔は魔除けに用いられた。たとえば、六月三十日の夏越《なご》しの大祓《おおはらえ》のためにくぐる神社の大きな「茅《ち》の輪《わ》」は、チガヤの葉から作られる。また、端午の節句に食べる粽《ちまき》も、もともとはチガヤが関係

している。現在では、粽はササの葉にくるむが、本来はチガヤの葉っぱで餅を包んでいたから、「茅巻き」と呼ばれたのである。実際にチガヤには雑菌の繁殖を防ぐ抗菌活性があるから、粽の腐敗を防ぐ効果もあったのだろう。また、粽を食べると毒虫に刺されないといわれるのも、チガヤの抗菌活性に由来することなのかもしれない。

「春は曙」で有名な清少納言の『枕草子』の第六十三段に、「草は」という箇所がある。そこには数々の植物が登場するが、「茅花《つばな》も、をかし」、「浅茅《あさぢ》、いとをかし」とチガヤだけは二回、登場する。浅茅《あさじ》というのは、チガヤの葉が群生する姿である。

チガヤは、春のつばなから、初夏のつばな流し、夏の葉の群生と、四季折々にさまざまな風景を見せてくれるのだ。

ところが和歌の世界では、春でも夏でもなく、秋のチガヤがよく詠まれている。

　秋風の寒く吹くなへわが屋前《には》の浅茅《あさぢ》がもとにこほろぎ鳴くも（『万葉集』巻十、二一五八）

チガヤは、秋になり寒さが増してくると葉のなかにストレス抵抗性を高めるためのアントシアニンという色素を作り出す。このアントシアニンは赤紫色の色素でもあるため、葉を染めあげて、チガヤを鮮やかな紅葉に誘うのである。この冬を迎える美しくも寂しげな感じが、古人の心を深く打ったのであろう。

ミソハギ

禊萩　ミソハギ科

先祖を迎える畦の花

ミソハギは別名を「盆花」という。ミソハギは、ちょうど夏のお盆のころに、鮮やかなピンク色の花を咲かせる。そのため、仏壇やお墓に供えられた。

畦道に咲くミソハギの花は遠くからでもよく目立つが、よく見ると、きれいに草刈りされた畦道で、ミソハギだけが刈られずに残されていることも多い。それだけ、ミソハギは大切にされているのだ。

もともとは湿地に生息する植物だが、田んぼのまわりの畦などによく見られるのは、お盆に供えるために植えられたのである。

ミソハギの語源は「禊萩」であるといわれている。昔、盆棚の供物や御器にミソハギの花穂に含ませた水をかける風習があった。そのためミソハギにはミズカケグサという別名もある。こうして、「禊ぎ」に使われたために「禊萩」と呼ばれるようになった。

それでは、水をかけるのに、どうしてミソハギを利用したのだろうか。

これについて、江戸中期の国学者・天野信景《あまのさだかげ》は、昔の医書にミソハギが喉の渇きを止めるのに効くとあるので、お盆に帰ってくる仏様の渇きをいやすために、この草で水をかけたのではないかと推測している。実際に、ミソハギを生薬にした「千屈菜《せんくつさい》」は、水で煎じて飲むと喉の渇きを止める薬効がある。

現在でもミソハギは、お盆の送り火や迎え火を消すのに用いられる。また、先祖を迎えいれるために、地域によってはミソハギで水を打って玄関を清めるところもある。また、仏様はミソハギの花の露しか口にしないという言い伝えもある。

いずれにしてもミソハギは、お盆と縁の深い神聖な花なのである。

最近では、都市化してミソハギが身近に生えていない地域も多いため、お盆になるとミソハギは出荷されて、花屋の店頭に並んでいる。また、ミソハギは花が美しいことから、観賞用の品種も栽培されているようだ。

ミソハギは花が美しく蜜も豊富なため、チョウやハチなど、多くの昆虫が蜜を求めて花を訪れる。どうやらミソハギが渇きをいやしてくれるのは、祖先の霊や仏様だけではないようである。もっともミソハギが昆虫を集めるのは、慈愛のためではなく、花粉を運ばせるためである。

ミソハギは畦に生える植物だが、田んぼのなかには、ほかにもミソハギ科の植物が

見られる。ヒメミソハギやホソバヒメミソハギ、ヒレタゴボウがそれである。ヒメミソハギやホソバヒメミソハギは、ミソハギに似ているが「姫みそはぎ」というくらいなので、ミソハギに比べると花が小さく目立たない。また、ヒレタゴボウは花が黄色い点が特徴的で、茎がひれのように張り出しており、田牛蒡《たごぼう》(チョウジタデの別名)に似ていることから名づけられた。

この三種のうち、日本にもとからあった在来種はヒメミソハギだけで、ホソバヒメミソハギとチョウジタデはアメリカ大陸から日本に渡ってきた帰化植物である。原産地では湿地に生えていた二種の帰化植物は、日本にやってきて思いがけず水田という一面の湿地と出会った。もっとも特殊な環境のなかで田んぼの雑草として繁茂するほどの器量はないようで、もっぱら田んぼの畦際や、休耕田で控えめに暮らしているようだ。

それにしても日本古来の田んぼに外国の植物が花を咲かせているとは、ずいぶん国際化したものだと、祖先たちはきっと驚いていることだろう。

水辺の野草

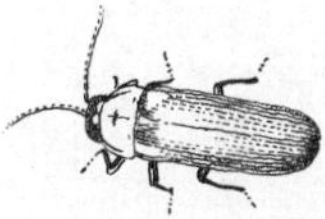

水は生命の源である。水のあるところには、生命が集まる。降雨量が多く、水が豊富な日本では、湿地が形成され、多くの水辺が点在している。また里地では、田に水を引くために、ため池や小川が作られた。そのような水に恵まれた環境には、水草や水辺の植物が群落を作り、トンボやホタルやカエルなどの生き物がすみついて、なつかしいふるさとの風景を創り出している。

カサスゲ

笠菅　カヤツリグサ科

科学技術もかなわない

「かさ」というと、現代ではこうもり傘を思い浮かべるが、昔は「かさ」といえば帽子のようにかぶる笠であった。昔ばなしの『笠地蔵』で、おじいさんがお地蔵さんにかぶせた、あの笠である。笠は雨具としてだけでなく、頭にかぶって日除けとしても用いられた。なかでも、「あかねだすきに菅《すげ》の笠《かさ》」と童謡「茶摘」の歌詞で歌われる菅笠は、昔はよく使われた。かつて早乙女《さおとめ》たちが一列に田植えをするときにかぶっていたのも菅笠である。

笠の材料は稲わらやイグサ、竹などさまざまだが、菅笠を編むのに使われたのがカサスゲという植物である。スゲで作ったから菅笠なのである。そして、笠を編むのに使うスゲだから、植物名はカサスゲと名づけられた。カサスゲは畦道や湿った場所に生える野草である。しかし、かつては笠を作るために田んぼでも栽培されていた。

カサスゲは夏に収穫するが、夏の間は農作業が忙しくて笠を編んでいる暇はない。そのため、カサスゲは乾燥させておいて冬仕事で笠を編んだ。そういえば、『笠地

123　カサスゲ

蔵』のおじいさんも、正月の餅を買うために笠を作って売りに行った。

カサスゲが笠の材料として適しているのには理由がある。

カサスゲはカヤツリグサ科の植物である。カヤツリグサ科の植物の多くは茎の断面が三角形をしている。ふつうの植物は茎の断面が丸いので、どの方向にも曲がることができる。丸い茎をしならせることによって外部からの力に耐えるのである。一方、断面が三角形の茎はしなりにくいが、そのかわり頑丈である。三角形は、もっとも少ない数の辺で作られているので、同じ断面積であれば、外からの力に対してもっとも頑丈な構造になっている。鉄橋や鉄塔が三角形を基本とした構造をしているのもそのためである。そのうえ、カヤツリグサは三角形の茎の外側を強靭な繊維でしっかりと覆って、頑丈さを補っている。カサスゲのこの丈夫な繊維が、笠を編む材料として非常に適している。紙の原料植物として「ペーパー」(Paper)の語源にもなったパピルス(Papyrus)も、カヤツリグサ科の植物である。パピルスも茎を補強する豊富な繊維が紙の材料として優れていた。

このようにカヤツリグサ科の植物は三角形の頑丈な茎で成功を収めている。では、カヤツリグサ科以外の植物が、なぜこの三角形の構造を採用していないのであろうか。

丸い茎は中心からの距離がどの方向にも等しいので、一定の圧力で隅々の細胞まで水を行き渡らせることができる。ところが、三角形の茎では中心からの距離がまちまちになってしまうために、隅の細胞までは水が届きにくい。そのため、カヤツリグサ科の植物の多くは、水が潤沢な湿った場所を好んで生えている。もちろん、カサスゲも例外ではない。

それにしてもプラスチックや化学繊維がなかった時代とはいえ、植物の茎で雨具を作るというのは、何とも粗末な感じがするが、そもそも植物の茎で作った笠で、本当に雨を避けることができるのだろうか。

雨が降るとカサスゲの茎はぬれてしまう。しかし、ぬれるのは笠の外側だけである。一度ぬれてしまえば、雨のしずくは、ぬれた茎を伝って笠の外へ流れ落ちる。そのため、雨水が中までしみ込むことは少ないのである。水をはじくプラスチックのほうが、一見すると雨にぬれないような気がする。しかし、もしプラスチックを材料とした梱《こん》包紐《ぽうひも》で笠を編んだら、どうなるだろうか。プラスチックにはじかれて行き場のない水滴は、隙間を伝いながら奥へ奥へとしみ込んでしまうであろう。

さらに、茎を編んだ菅笠には隙間があるので、雨を避けるだけでなく、通気性もいい。そのため、ビニールの雨合羽のように内側がむれることは少ない。粗末に見える菅笠であるが、じつは現代の科学技術も及ばない優れた機能を持っているのである。

ヒシ　菱　ヒシ科

だから忍者は持ち歩く

追っ手から逃げる忍者が、地面にばらまく道具が「まきびし」である。まきびしはトゲトゲした針で、踏みつけた敵を傷つける。

このまきびしとして用いられたのがヒシの実である。もっとも、そもそもヒシの実をまくから「まきびし」というのだ。

ヒシの実には、がくが変化した二本の鋭いトゲがある。ヒシの実は軽いので水に浮遊しながら散布される。このトゲで水鳥の体について移動したり、岸辺の植物に絡みついて定着したりするとされている。このヒシのトゲを忍者が利用したのである。

まきびしというと時代劇では鉄製の鉄びしがおなじみだが、実際には、鉄は高価で重く、持ち運びするにも不便なため、ヒシの実が用いられた。

しかも、まきびしの利用は追っ手を防ぐだけではない。ヒシの実は、でんぷんを豊富に含んでいて食用にもなる。そのため、まきびしは、いざというときの忍者の非常食にもなったのである。

129　ヒシ

確かに、ヒシの実はなかなか美味である。ヒシの実の中には種が一つだけ入っているが、硬い殻をむいた種子の胚乳部分には香りと甘味があって、ゆでたり蒸したりすると栗のような味がする。ご飯にヒシの実を混ぜたり、粉にして餅にするなど、昔はさまざまな食べ方があった。

桃の節句にお雛様に供える菱餅も、もともとは菱形の餅という意味ではなく、ヒシの実を材料に作られたといわれている。ヒシの実は、でんぷんが豊富で栄養価も高いので、ヒシの実さえ食べていれば、穀物を食べなくても長生きすることができる。そのためヒシは、仙人の食べ物といわれて尊ばれてきたほどである。ヒシで作った餅は、健やかな子どもの生長を願う食べ物だった。また実際に、ヒシの実には、滋養強壮や健胃、消化促進などの薬効がある。

現代で菱餅といえば、餅米で作った菱形の餅を意味するが、そもそも「菱形」という言葉自体がヒシの実の形という意味である。ヒシは、実の形が四角形をひしげた（ひしゃげた）形に由来する名前である。このヒシの実の形に似ていることから、ひしげた四角形を菱形と呼ぶようになった。

ところで、先述のまきびしの話には、おかしなところがある。

ヒシの実は二本のトゲが左右に突き出ているだけである。そのため、ヒシの実をまいても、ヒシの実は横に倒れてトゲが地面に寝てしまうのだ。これでは、ヒシの実を踏んでも痛くない。ふつうに考えれば、ヒシの実はまきびしとしては使えないのである。これに対して、鉄びしは、トゲの数が多く、少なくとも四方向に出ているため、地面にばらまけば、必ずどれかのトゲが上を向く。これでなければ、武器の役割を果たさないのだ。

じつは、忍者が用いたのは、ふつうのヒシではない。ヒシの仲間のオニビシという種類である。ヒシの実はトゲが二本なのに対して、オニビシはトゲが四本あるので、地面におけば一本のトゲがしっかりと上を向く。

オニビシの実は、トゲが四本あるだけでなく、ヒシよりも大きくて、ごつごつしている。そのいかめしい実は、鬼と形容するにふさわしい。なかには朱色に色づいた実もあって、その形相はまさに鬼そっくりである。

残念ながら、ため池や湖沼は開発のためにつぎつぎと埋め立てられ、ヒシやオニビシは地域によっては絶滅が心配されるまでに減っている。ところが、ヒシの仲間の分布が減少する一方で、残されたため池にはヒシやオニビシが繁茂して水面を覆い尽くし、水鳥や水生生物の生存場所を奪っている例もある。

ヒシの仲間は、水底から茎を伸ばして水面に葉を広げるため、水の深いところでは育つことができない。そのため本来であれば、岸辺から近い水深の浅いところに生育するのである。昔は、ため池の水を抜き、底にたまった泥を取り除く「泥上げ」という作業が行われ、水深が保たれていた。ところが現在では、人手不足もあって泥上げされないため、泥がたまって水深が浅くなったため池に、ヒシが池全面に広がるようになってしまった。

昔は人の暮らしと自然の営みとが、ほどよいバランスで保たれていた。開発によって自然に干渉しすぎても、放置して干渉をやめてしまっても、人と自然のバランスは崩れてしまう。

バランスを失って異常繁殖しているヒシやオニビシの実は、心なしか憤怒の形相にも見えるのは気のせいだろうか。

イグサ

藺草　イグサ科

日本人の心に火を灯す

植物のなかで一番長い名前は「リュウグウノオトヒメノモトユイノキリハズシ」である。これはアマモの別名である。漢字で書くと「竜宮の乙姫の元結の切り外し」。この長い名前は、岸辺に打ち上げられた葉のようすから名づけられた。

一方、一番短い植物の名前は「イ」。たった一文字である。もっとも、さすがに一文字ではわかりづらいので、一般には「草」をつけて「イグサ」と呼んでいる。

古い時代には、一文字だけの植物名はほかにもあった。

たとえば、チガヤは古くは「チ」と一文字で呼んだ。しかし、それでは不便なのでやがて「茅」をつけてチガヤと呼んだのである。また、「キ」という植物もあった。これは現代のネギである。ネギは白い茎の部分を根に見立てて、根を食べるキなので「根葱《ねぎ》」と呼んだのである。ちなみに葉を食べるのは「菜葱《なぎ》」と呼んだ。これは現代のコナギのことである。また、樹木では「エ」と呼ばれる木があったが、不便なので「エの木」と呼ぶようになった。これが現代のエノキ（榎）である。

このように、かつては一文字で呼ばれる植物名もいくつかあったが、現在では正式な和名で一文字だけなのは「イ」のみである。

イグサは、湿地などに生える野生の植物だが、細く長い茎が畳表やござの材料として古くから改良されて、栽培されてきた。畳は日本独特の文化である。湿度が高い日本では、吸湿性の高いイグサは敷物の材料として優れていた。生活が洋風化した現代では、畳のない家も少なくないが、どんなに時代が進んでも、和室の畳の上でゴロゴロするときの畳表の香りと肌ざわりのよさは爽快である。畳はいつまでも日本人に愛されていくことだろう。

長く針のように伸びているのは、茎である。それでは葉はどこにあるかというと、イグサの葉は退化していて、茎の根もとで茎を包む葉鞘《ようしょう》になっている。

イグサの茎の外側は硬いが、中はやわらかいスポンジ状になっている。この茎の構造が畳に適度な弾力性と、吸湿性を与えている。茎の中のスポンジ状の芯は、油を吸い上げるので、古くは行灯《あんどん》の灯心に用いられた。そのため、イグサには「灯心草」という別名もある。

茎しか見えない奇妙な姿だが、イグサにも花は咲く。夏になると、イグサは茎の途中に花を咲かせるのである。しかし、考えてみるとこれは奇妙である。茎の途中にい

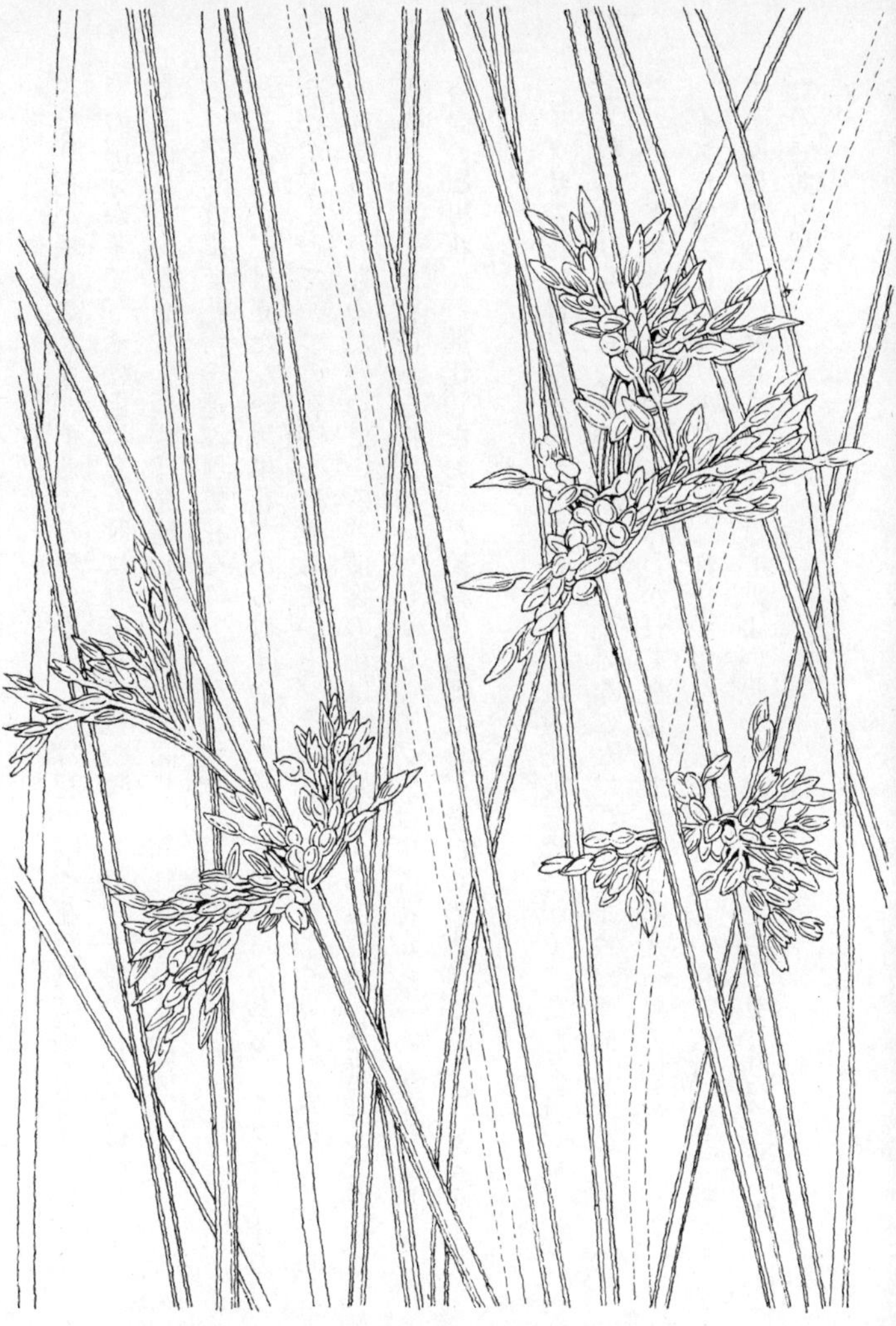

きなり花が咲くことなどあるのだろうか。じつは花の咲く花茎は、根もとからは花までの部分が茎で、その上は苞《ほう》と呼ばれる花を包む葉である。一般の植物では苞は小さく退化しているが、イグサは発達していて茎と同じように細く長く伸びている。

イグサは風で花粉を運ぶ風媒花なので、花は地味で目立たない。ところが、目立たない風媒花であるはずのイグサにも花びらがある。イグサは小さな花が集まって一つの花序《かじょ》を形成している。その一つの花をよく見ると六枚の花びらの痕跡らしいものが残っている。植物の花は、風媒花から虫媒花へと進化したため、風媒花は本来、花びらを持たない。しかし、イグサは虫媒花から、ふたたび昆虫に頼らない風媒花へと進化しなおした植物であるため、花びらの痕跡が残っているのである。

イグサの花は目立たないが、花弁にあたる内花被《ないかひ》三枚とがくにあたる外花被《ないかひ》三枚の計六枚の花びらからなる花の構造は、意外なことにユリとまったく同じである。そのため、イグサはユリ科の祖先からわかれて進化してきたと考えられている。

イグサは美しいユリの花にはなれなかった。しかし、美しい花と広げた葉を捨てた大英断によって、私たち日本人は心地よい畳の生活を楽しむことができるようになったのである。

ヤナギタデ

柳蓼　タデ科

蓼食う虫も好き好き

「蓼《たで》食う虫も好き好き」ということわざがある。

タデという植物の名前は、一説には辛味があることから、口の中が「ただれる」ことに由来するといわれている。ことわざの意味は、「辛味のあるタデのような植物を好んで食べる虫もいるように、人の好みもさまざまである」ということである。もっとも、タデにもさまざまな種類があるが、すべてのタデが辛いわけではない。「蓼食う虫も好き好き」といわれた辛味のあるタデは、ヤナギタデのことである。

タデの仲間には、外観がヤナギタデによく似た種類もあるが、ヤナギタデかどうかを識別するのは難しくない。ヤナギタデはかむと、すごく辛味がある。そのため、葉をちぎってかんでみれば、ヤナギタデかどうかがすぐにわかる。ヤナギタデの辛味成分はポリゴジアールで、これも昆虫の食害から身を守るための防御物質である。

ところが、ことわざのように辛味成分で防御しているはずのヤナギタデを食べる虫がいる。ヤナギタデを食べる変わった好みの虫は、蓼虫と呼ばれている。ヤナギタデに限らず、多くの植物は化学物質を身につけて自らを防御している。しかし、それをただ手をこまねいて見ているだけでは、昆虫たちは生きていけない。そこで昆虫のほうも負けずに植物が持つ防御物質に対する解毒代謝を発達させるなどして、植物を食べられるように進化を遂げてきたのだ。昆虫が進化を遂げれば、植物も負けていない。さらに新たな防御物質を作り出す。そして、昆虫はさらにその防御物質を克服する。こうして植物と昆虫はいたちごっこの競争を繰り返しながら共に進化を遂げてきた。

もっとも植物によって防御物質の種類は異なるから、昆虫は植物の種類ごとに防御物質を克服する能力を身につけなければならない。しかし逆にいえば、ある防御物質さえ克服できれば、その防御物質で身を守る植物だけを専門に食べれば安全である。アブラナ科の植物しか食べないモンシロチョウの青虫のように、昆虫のなかには特定の植物しか食べないものが多いのはそのためである。「蓼食う虫」と悪口をいわれる蓼虫にしても、ポリゴジアールさえ克服すれば、タデだけを食べていたほうが、ほかの植物を食するよりもずっと安全なのだ。

しかし、蓼食う虫も好き好き、とはいうものの、当の人間もまた蓼を食べる。ヤナギタデが身を守るための身につけたピリリとした辛味が好まれて食用にされたのである。刺身のツマとして添えられる芽蓼と呼ばれる赤い双葉はヤナギタデの芽生えであ

139　ヤナギタデ

るし、鮎の塩焼きなどにかける蓼酢はすりおろしたヤナギタデの葉に酢を混ぜて作る。

ヤナギタデは古くは平安時代から香辛料として用いられた。そのため、ヤナギタデは辛味のない、ほかのタデと区別して本物のタデという意味で、「本タデ」とか「真タデ」と呼ばれて、改良された栽培品種まで作られている。もっとも、ヤナギタデを使うのは、単なる辛味つけだけではない。その辛味成分には病原菌から植物を守る抗菌作用があるうえ、生魚や青魚による食あたりを防ぐ効果もある。また、ヤナギタデの辛味成分は人間の体にとっても弱い毒物質として認識される。そのため、この物質を代謝しようと胃液の分泌が促進されて、食欲が増進する効果もあるのだ。

ヤナギタデは葉だけでなく、種子を守るために果実にも辛味成分を蓄えている。ヨーロッパではヤナギタデの果実が高価なコショウの代用品として用いられてきた。ヤナギタデの学名はラテン語で「水辺のコショウ」という意味を持っている。ところが、こんなに役に立つヤナギタデなのに、一般には野外では誰も見向きもしない。そればかりか、辛味がなく役に立たないことから「人間用にはならない犬用のタデ」と名づけられたイヌタデのほうが、ピンク色の美しい花がもてはやされ、子どもたちからは「赤まんま」の名で親しまれて、ままごとに使われている。蓼食う虫も好き好きというが、ヤナギタデも人間の気まぐれな好みを測りかねていることだろう。

ジュズダマ

数珠珠　イネ科

美しき涙の理由

ジュズダマは「数珠珠」である。ジュズダマは黒くてつやのある硬い実が特徴的である。この実の形が、数珠の珠の形に似ていることから名づけられたのだ。実際に、昔は数珠の材料として使われたこともあったようである。

草花遊びの好きな女の子たちにとっては、ジュズダマは人気のある野の草である。女の子たちはビーズ玉のようにジュズダマの実を糸でつなぎあわせて、ネックレスや腕輪を作って遊ぶ。

ジュズダマの実は硬い殻で覆われている。ところが不思議なことにジュズダマの硬い実には、ちょうど糸が通せるように穴があいている。まさか、女の子たちが遊ぶために用意したわけでもないだろうに、どうして、うまい具合に穴があいているのだろう。

ジュズダマの実といわれるものは、実際には実ではない。花を包む包葉鞘《ほうようしよう》という器官が硬く変化したものなのである。そしてジュズダマは、この包葉鞘の中を通り抜けて穂を伸ばし、花を咲かせるのだ。糸を通すのにちょうどよい穴は、じつは花が咲くときに穂が通り抜ける道だったのである。

ジュズダマの穂には雄花と雌花があり、先端に雄花をつける。先端に雄花をつけるのは、風で遠くへ花粉を飛ばすためである。雌花は基部にあり、包葉鞘のなかに守られている。雌花が花粉をキャッチして受粉するためには、ひも状の雌しべだけを穴から外に出さなければならない。

せっかく花を咲かせても自分の花粉が自らの雌しべについたのでは、近親交配が進んでしまう。そこで植物はさまざまな方法で自らの花粉で受粉しないように工夫をこらしている。雄花と雌花の咲く時期をずらすのも、その一つである。ジュズダマは雌《し》性先熟《せいせんじゅく》といって、雌花が先に咲く。そして雌花が受粉を終えて萎《しお》れはじめたころになると、雄花が成熟して花粉を飛ばしはじめる。こうして近親交配を避けて、他家受粉を行うのである。

やがて、受粉を終えた雌花は硬い包葉鞘に守られて実を熟す。

ジュズダマが硬い殻で実を守るのは、それだけジュズダマの実がおいしいということでもあるだろう。イネ科の植物の葉や茎は硬くて、野菜や山菜のように食べることができない。しかし、栄養豊富な実は昔から人類に利用されてきた。イネやムギ、ト

143　ジュズダマ

ウモロコシなど主要な作物はどれもイネ科の植物である。

雑穀といわれる作物もイネ科の植物である。アワはエノコログサの仲間を改良したものだし、エンバク（燕麦）は麦畑の雑草だったカラスムギから改良された。

同じようにジュズダマを改良して作られた作物がハトムギである。ハトムギとジュズダマは植物学的にはまったく同じ種で、ハトムギはジュズダマの栽培種なのである。ジュズダマとハトムギはよく似ているが、ハトムギは包葉鞘が茶色でやわらかく、ジュズダマのように黒くて硬くならない点や、ジュズダマの花序が上向きに付くのに対して、ハトムギの花序は垂れ下がる点が違っている。

ジュズダマとハトムギは学名の小種名を「ヨブの涙」という。ヨブは『旧約聖書』「ヨブ記」の主人公で、信仰を試されて痛めつけられるが、それでも信仰を捨てず神を仰いで涙を流す。ジュズダマの包葉鞘の美しい輝きとその形が頬を伝うヨブの涙に見立てられたのである。

その実の輝きの美しさは、確かに崇高なヨブの涙にたとえるにふさわしい。しかし、ハトムギはともかく、苦労して美しい輝きを得たものの、ジュズダマはその硬い実が災いして、子どもたちに摘まれては遊び道具にされてしまうので、もしかすると人知れず涙のしずくを浮かべているかもしれないとはいえないだろうか。

雑木林の野草

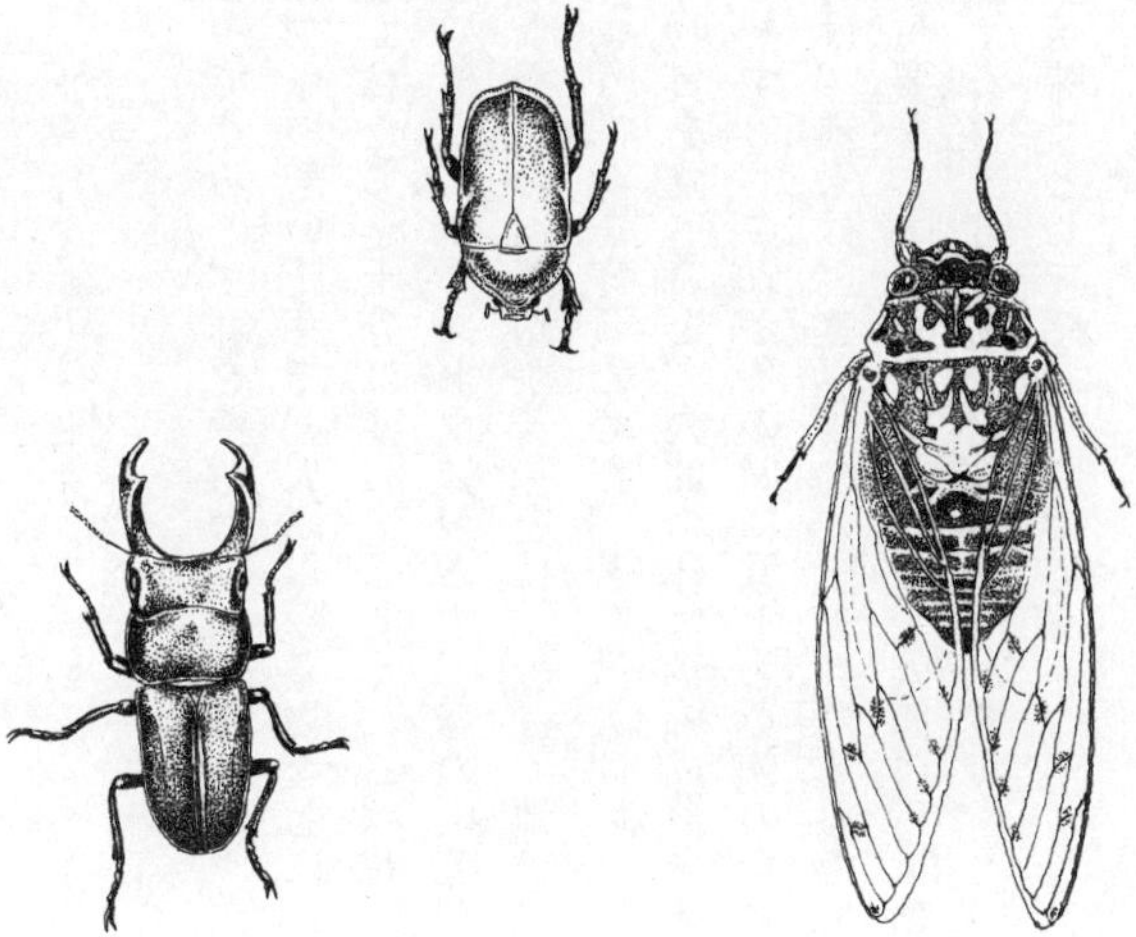

雑木林は、かつて人々が、木を切って炭を焼いたり、落ち葉をかいて田畑の肥料にしたり、柴を刈って焚き木にしたりしたところである。そのため、雑木林はうっそうと茂ることなく光がこぼれる明るい森林環境を作っていた。人の手の入らない天然林の自然は豊かだが、薄暗い森林のなかで生存できる植物はむしろ少ない。それに対して雑木林には、たくさんの生き物が集まり、日当たりのよい環境を好む野の花が咲く。雑木林は人の暮らしと自然の営みが共存した環境なのである。

フキ

蕗　キク科

かわいい春の使者

暖かくなってくると、春を待ちわびたフキノトウが、いち早く顔をのぞかせる。フキノトウはフキの若い花芽で、天ぷらや煮物などにして食べる。ほろ苦い香りは、春の味覚として私たちを十分に楽しませてくれる。昔から「春の料理には苦味を盛れ」といわれる。確かにフキノトウに限らず、春の山菜類や野草類には独特の苦味がある。フキノトウなどの山菜類が苦味を持つのは、地上に出たばかりの芽が害虫などに食べられないように身を守るためだ。苦味は人間にとってはごく弱い毒として作用するので、苦味物質を食べると、人間の体は毒の成分を体外に出そうと代謝を活発にして排出しようとする。これが冬の間に低下した体の新陳代謝を高める効果があるのだ。

人間の舌は、本来は、食べ物の安全を判断するためのセンサーである。果物に含まれる糖分は重要なエネルギー源なので、人間の舌は糖分を認識すると心地よい甘味として脳に伝える。一方、腐った食べ物は「酸味」という刺激として脳が認識し、有毒なものは「苦味」として感じるのである。

147　フキ

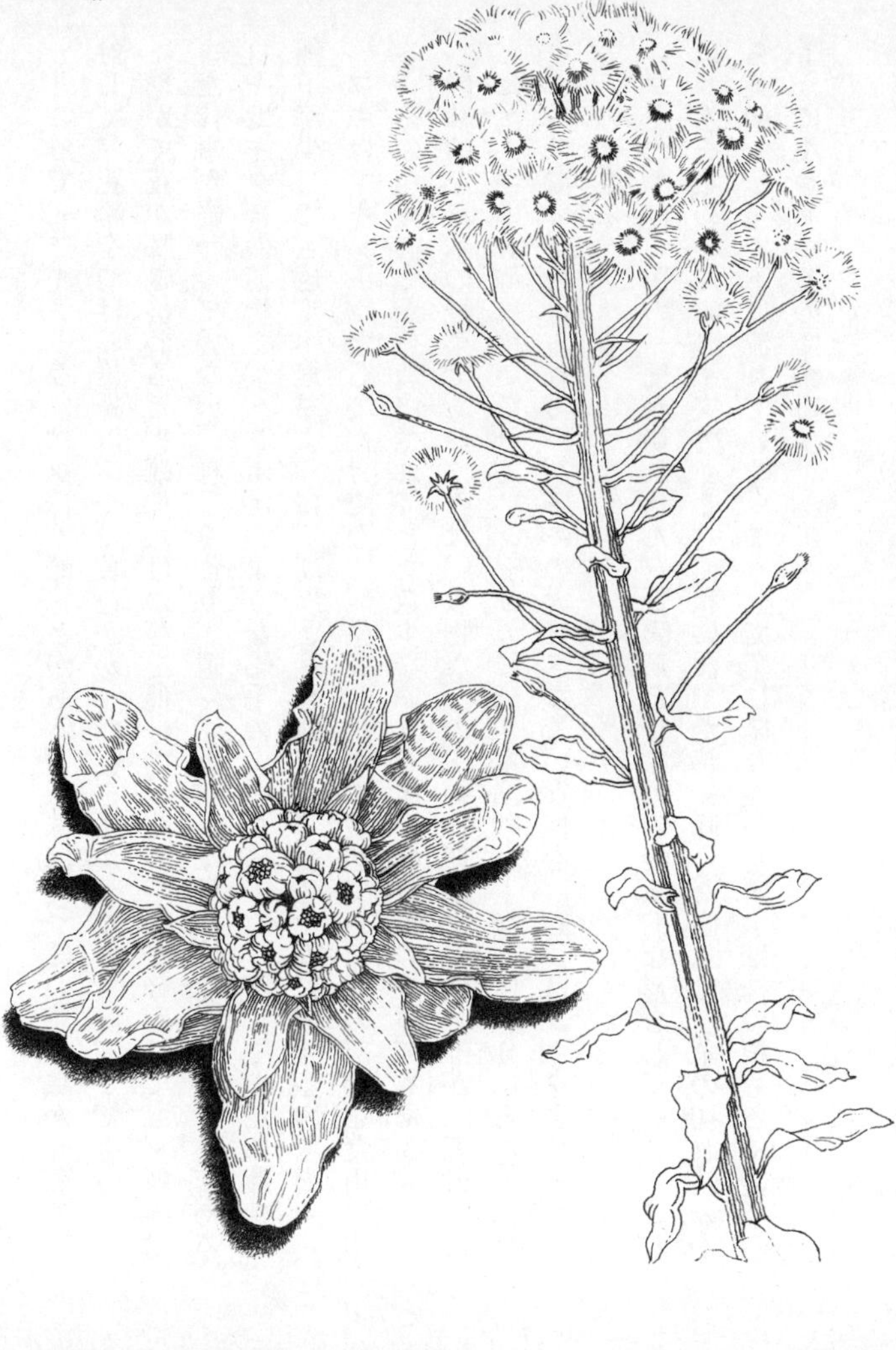

ところで、フキノトウには雄株と雌株とがある。雌株は白っぽい花を咲かせるのに対して、花粉をつける雄株は、やや黄色がかった花を咲かせるので区別ができる。やがて花が咲き終わると、雌株だけが茎を伸ばす。花の時期が終わっても、雌株はまだ仕事が終わっていない。種子を作り、遠くへ散布しなければならないからである。フキはキク科の植物で、タンポポのような綿毛のついた種子を作る。そのため雌株は、種子が少しでも遠くへ飛ぶように、高々と茎を伸ばし、綿毛を風に乗せるのである。

フキはフキノトウとしてだけでなく、生長した後の葉柄《ようへい》である茎の部分を食用にする。そのため古くから栽培されてきた数少ない日本原産の野菜の一つでもある。

伝統的な日本の野菜であるフキは、煮物などの田舎料理がよく似合うが、意外なことにケーキの装飾に用いられるアンゼリカには、本来のハーブの代わりに日本ではフキの砂糖漬けが用いられる。ケーキの大好きな若い女性も、じつはフキをよく食べているのである。

フキの葉は、円の一部が切れ込んだ腎臓形と呼ばれる特徴的な形をしている。これは、水を集めるための工夫である。皿状になった葉に降った雨水は、葉の切れ込みから葉柄を伝って下に流れていく。こうして葉に降り注いだ雨水は株の根もとに落ちるようになっているのである。

紙がなかった大昔は、やわらかいフキの葉をトイレットペーパーの代わりに利用した。フキの語源はさまざまな説があるが、一説によると、「フキ」という名称はお尻を拭く「拭き」に由来するともいわれている。もし、それが本当だとすると、私たちが食べる「フキノトウ」は「拭きのとう」である。世の中には知らないほうがいいこともあるものである。また、東北地方ではフキノトウのことをバッケやバンケと呼ぶが、これもトイレに使う落とし紙に由来するとされている。

もっとも東北弁のバッケはアイヌ語に由来するという説もある。ちなみに、アイヌの伝説では、コロポックルという小人の神様がいる。コロポックルは、アイヌ語で「フキの下の住人」という意味である。フキの下に住むので、コロポックルはずいぶん小さい気がするが、北海道や東北に自生するフキは、葉柄の長さが二メートルにもなるような大型の秋田フキと呼ばれる種類である。秋田フキは人間の大人でも雨宿りできるほどの大きな葉を持っているから、実際にフキの下に住むことも可能だったろう。一説には、コロポックルはアイヌに迫害された先住民であるともされている。

コロポックルが実在するか否かは明らかではないが、春の訪れを教えてくれる小さなフキノトウを眺めていると、何だか傍らから伝説の小人がのぞいていそうな錯覚を覚えてしまう。フキノトウの生える春の野は、そんなファンタジックな場所なのだ。

フクジュソウ

福寿草　キンポウゲ科

まだ来ぬ春を先取り

フクジュソウは別名を「元旦草」という。しかし、実際にフクジュソウが花を咲かせるのは一月一日ではなく、二月になってからである。じつは、フクジュソウは旧暦の正月に花を咲かせる。

タネツケバナ（二三ページ）でも触れたように、明治時代より以前の日本の暦は、月の満ち欠けにもとづく太陰暦であった。これがいわゆる旧暦である。ところが、明治五（一八七二）年十一月九日、新政府は国際基準に合わせて太陰暦を廃し、太陽暦への切り替えを行った。その年の十二月三日を明治六年一月一日としたのである。これが現代の新暦である。新暦と旧暦とは、おおよそ二十日から五十日程度のずれがある。日本の文化は、古くから使われた旧暦にもとづいているため、新暦ではピンとこないことが多いのも、そのためである。

新暦の三月三日の桃の節句には、桃の花はまだ咲いていない。旧暦の三月であれば、現在の四月上旬から中旬だから、まさに桃も花盛りである。新暦の五月五日の端午の

151　フクジュソウ

節句には、まだハナショウブも咲いていないし、菖蒲湯にするショウブの葉もまだ十分に伸びきっていない。新暦の七月七日の七夕は、梅雨のさなかで、天の川を眺められる日が少ない。また、梅雨の時期なのに六月を水無月《みなづき》というのも、旧暦であれば梅雨が明けているからぴったりくるし、五月雨《さみだれ》や五月晴れも、本当は梅雨の雨や梅雨の晴れ間のことなのだ。新暦の一月一日は、新春や迎春というものの、まだ冬の真っ只中である。旧暦であれば、寒いなかにも春の訪れが確実に近づいていることを感じられる季節である。そして、元旦草と呼ばれるフクジュソウも春に先駆けて花を咲かせる。

フクジュソウは雪をかきわけて咲く姿が印象的である。寒いなかに春を思わせる鮮やかな黄色い花を咲かせることから、「福寿草」というめでたい名前がつけられたのだ。

しかし、フクジュソウがいち早く花を咲かせるのは、私たちに春を感じさせてくれるためではない。昆虫を呼び寄せて受粉を手伝わせるためである。暖かくなってから花を咲かせると、昆虫の数は多いが咲いている花も多いから、競争も激しくなる。一方、寒い時期に咲けば、昆虫の数は少ないが、咲いている花も少ないから、昆虫を独占することができる。そこでフクジュソウはほかの花に先駆けて、寒いうちから花を咲かせるのである。

とはいえ、寒いなかで少ない昆虫を呼び寄せるには、それなりの工夫もいる。

フクジュソウの花粉を運んでくれるのはアブである。すでに触れたように、早春に活動するアブは黄色を好む傾向がある（八四ページ）。そのため、春に咲く野の花は黄色い花を咲かせるものが多い。フクジュソウの鮮やかな黄色も、もちろんアブを呼び寄せるためである。ところが、フクジュソウの花は肝心の蜜を持っていない。フクジュソウはほかの魅力でアブを惹きつけるのである。

衛星放送の受信機などに用いられる皿型の反射鏡を持つパラボナアンテナは、集めた電波を中央の受信機に集める構造になっている。じつはフクジュソウの花も、これと同じ構造をしているが、もちろん、集めるのは電波ではない。

フクジュソウは、パラボラアンテナのようなきれいなおわん型の花をしていて、花の中央部に太陽の光を集める。そのため花の中心部は光が集まって暖かい。この暖かさに惹かれてアブたちが集まってくるのである。フクジュソウの花の中心は外気温に比べて一〇度も高くなるという。花の中心には雄しべや雌しべが集まっていて、アブの体に花粉をつけるしくみになっている。そして、体が温まって活発になったアブは、花粉をつけたまま次の花まで飛んでいく。

私たちに春の訪れを感じさせてくれるフクジュソウだが、残念ながら環境の変化や過度の採取によって、野外では絶滅が心配されるまでにその数を減らしている。どうやら、フクジュソウに春が訪れるのはまだ遠い先のようである。

カタクリ

はかない命の真相

片栗　ユリ科

八宝菜などの中華料理を作るときに、とろみをつけるために使われるのが片栗粉である。市販されている片栗粉は、植物のでんぷんから作る。でんぷんを水といっしょに加熱すると、でんぷん粒が水を吸収して膨張し、糊状の物質に変化する。そのために片栗粉を加えるととろみが出るのである。

片栗粉は、もともとカタクリの鱗茎《りんけい》からとったでんぷんのことをいった。カタクリの粉だから片栗粉なのである。ちなみにカタクリの名は、鱗茎の形がクリの片割れに似ていることから名づけられた。

江戸時代までは、でんぷんはカタクリのほかにも、クズやワラビからもとられていた。クズからとったでんぷんが葛餅の材料となる葛粉、わらびからとったでんぷんがわらび餅の材料となるわらび粉である。

しかし現在では、片栗粉はでんぷんの性質がよく似たジャガイモを原料に作られている。また、葛粉もジャガイモ、わらび粉はサツマイモからそれぞれ作られる。山野に分け入って野草を採取していたのでは、安価に大量生産することができないからである。

もっとも、葛粉やわらび粉は、いまでもわずかだが昔ながらの製法で作られている本物が存在する。しかし、カタクリで作った片栗粉は、もはや幻といっていいだろう。何しろカタクリは各地で絶滅危惧種に指定されるほど、その数を減らしているのだ。

カタクリは「春の妖精」（スプリング・エフェメラル）と呼ばれる植物の一つである。カタクリは春になると薄紫色の可憐で優美な花を、うつむきかげんにひっそりと咲かせる。ところが、カタクリは早春のごく短い期間に花を咲かせるだけで、春の終りとともに幻のように姿を消してしまう。カタクリはスプリング・エフェメラルと呼ばれているが、エフェメラルはもともと「はかない命」という意味なのだ。

カタクリは土の中の鱗茎で冬を越し、早春にいち早く花を咲かせて、暖かくなるころにはすっかり散ってしまう。そして春の間、葉で光合成を行い、栄養分を鱗茎に蓄える。そして夏になるころには、葉を枯らして、翌年の春まで鱗茎で土の中で眠り続けるのである。つまり、一年の大半を土の中で過ごし、地上に出ている期間はわずか二カ月足らずに過ぎないのだ。

カタクリに代表されるスプリング・エフェメラルが短い期間しか地上に出ていない

157　カタクリ

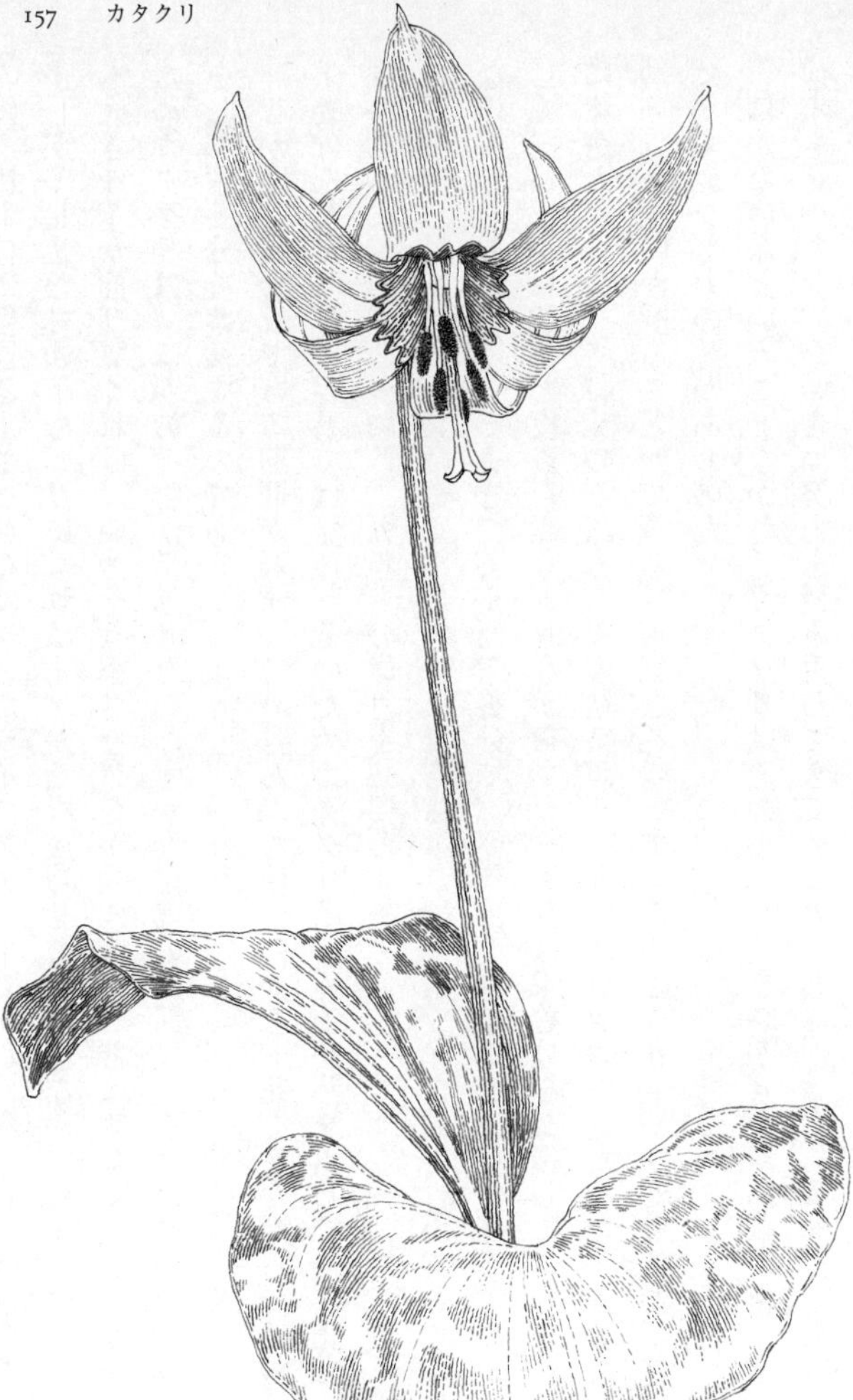

のは、雑木林に生きる小さな草花に適したライフスタイルである。春の間は暖かな日差しが差し込む林の下も、夏になれば木々が葉を茂らせて日陰になってしまう。しかも大きな草が伸びてくれば、いっそう小さな草花が生き抜くことは難しくなる。そのためカタクリは、ほかの植物が活動しないわずかな早春の期間に花を咲かせ、光合成をして栄養分を蓄積するのである。

しかし、光合成できる期間がわずか二カ月しかないのだから、花を咲かせるだけの栄養分を蓄えるのは容易ではない。そのためカタクリは、種子が芽を出してから花を咲かせるまでに、じつに八、九年もの歳月を必要とする。

種子から最初に出た葉はごく小さい子葉である。この子葉で光合成を行い、わずかな栄養分を蓄積する。そうして蓄えた栄養分で、翌年は小さな葉を一枚つける。こうして、わずかな貯蓄と投資を繰り返しながら、カタクリは栄養分を蓄積して、しだいに葉が大きくなっていくのである。その結果、八、九年間コツコツとためた栄養分で、ついに花を咲かせることができる。何気なく咲いている小さな花も、咲かせるまでには、大変な努力の跡があるのだ。

はかない命ということなかれ。カタクリはその小さな花を咲かせるために、何年も何年も、小さな、たゆまぬ努力を積み重ねてきているのである。

ササユリ

笹百合　ユリ科

さゆりは夕暮れに美しい

「さゆり」という名前の響きに、あなたはどのような女性をイメージするだろうか。清楚で清らかな美しい女性の姿だろうか。女優の吉永さゆりさんを思い浮かべる人もいるかもしれない。

本州の中部より西日本一帯の里山の雑木林に咲く「さゆり」は、まさにそのイメージにぴったりの花である。淡いピンク色の花がうつむきかげんに咲いている姿は、しとやかで美しい日本女性を思わせる。

そのイメージどおり「さゆり」は日本原産のユリである。「さゆり」は、現在では「ササユリ」と呼ばれている。ササユリの名は葉の形がササの葉に似ていることや、ササといっしょに生えていることが多いことからきているとされている。一方、東北から北陸には、近縁のヒメサユリが分布している。

テッポウユリやカサブランカのような、花束に使われるような華やかさはないものの、ササユリの清楚で凜とした美しさは、日本人の心を惹きつけてやまない。

女性の名前の「さゆり」は、「小百合」や「早百合」などと書くことが多いが、植物の「さゆり」の「さ」にはどのような意味があるのだろうか。

タネツケバナの項（一二三ページ）で紹介したように、「さ」は古来、田んぼの神様を意味する言葉であった。たとえば、イネの苗は早苗《さなえ》であるし、早苗を植える若い女性は早乙女《さおとめ》と呼ばれる。さらに早苗を植える時期が皐月《さつき》である。また、田植えのときには神様が下りてくるので「さおり」というお祝いでお迎えをし、田植えが終わると「さのぼり」（または、さなぶり）というお祝いをして神様を送った。

一見、関係なさそうだが、さゆりもしっかりと田んぼに関係している。さゆりは、六月の田植えのころに花を咲かせることから名づけられた。実際に、地域によっては、田植えの季節の目印となる田植え花として利用されていたり、さなぶりのときの食事としてササユリやヒメサユリの球根が食べられたりもしている。

ところで、ササユリは美しい花色に加えて、花の奥に甘い蜜を持ち、かぐわしい香りがするのも魅力のひとつである。ところが不思議なことに、ササユリの香りは、夕方になると、より強くなる。ササユリの花は見えなくても、夕映えの雑木林のなかから、どこからともなくササユリの香りがただよってくるのだ。どうしてササユリは、夕方になると強く香るのだろうか。

161　ササユリ

ササユリの花は、私たちを楽しませるために咲いているわけではない。花粉を運ばせるために、美しい花びらと芳香で昆虫を呼び寄せているのである。西の空を染めていた夕日が沈み、あたりが暗くなると、ササユリの花に飛んでくるのが、スズメガという蛾である。ササユリは、チョウやハチではなく、スズメガに花粉を運ばせている。夕方になると香りが強くなるのは、スズメガが夕方から夜にかけて活動するためだったのである。ササユリの淡いピンク色も、暗いところで目立たせるためである。赤い色は、暗い闇のなかではまったく目立たない。暗い場所では、淡いピンクや白い色のほうがひときわ目立つ。薄暗くなった雑木林で、ササユリの薄いピンクが鮮やかに浮かび上がる光景は、何とも幻想的である。

スズメガは、長いストローのような口を伸ばして、筒状のササユリの花の奥から蜜を吸う。そのスズメガの体に花粉をつけるために、ササユリは雄しべや雌しべを花の前面に長く突き出している。この美しい花には、さまざまな知恵が詰まっているのである。

かつては山の斜面がササユリの花で埋め尽くされていたと、ある古老から聞いたことがある。ササユリもまた各地でその数を減らしている。美しくも凜とした日本女性のようにササユリもまた幻となってしまうのだろうか。

アツモリソウ

敦盛草　ラン科

平家物語の結末

一の谷の合戦で敗れた平家の一群が沖の船へと逃れていく。沖の船に逃れる馬上の武者を見つけた熊谷次郎直実《くまがいじろうなおざね》は、逃がすまじと、「あはれ大将軍とこそ見参らせ候《さうら》へ。まさなうも敵《かたき》にうしろを見せさせ給うものかな。かへさせ給へ」と呼び止めると、馬上の武者がとって返す。組み合って武者を組み伏せて、首をとろうと兜《かぶと》を取ると、わが子と同じ歳のほどのあどけない若武者。命を助けたかった直実だが、そこは敵と味方。直実は泣く泣く若武者の首を取ったのである。この若武者の名が平敦盛《たいらのあつもり》、歳は十七歳だった。そして、その後、直実は敦盛の霊を弔うために出家するのである。

『平家物語』の「敦盛の最期」は、歌舞伎や能としても演じられて、広く知られている。この物語にちなんで名前をつけられたのがクマガイソウとアツモリソウである。クマガイソウとアツモリソウは、どちらも袋状にふくらんだ花が特徴的である。この袋状の花びらを、武者が背負い風を受けてふくらむ武具であった母衣《ほろ》に見立てたのである。そして、力強い印象のある花のほうをクマガイソウ、繊細でやさしい印象のあるほうをアツモリソウと名づけた。また、色が白っぽいクマガイソウの花を源氏の白い旗印に、赤いアツモリソウの花を平家の赤い旗印に見立てたともいわれている。

それにしても、花びらがふくらんだクガマイソウとアツモリソウの花の形は何とも奇妙である。武者がつけた母衣は、馬が走ると風を受けてふくらみ、背後から放たれる矢を防ぐためのものであった。それでは、クマガイソウやアツモリソウの母衣のような花の構造には、どのような役割があるのだろう。

クマガイソウやアツモリソウはランの仲間である。ランの仲間の花を見ると、左右対称の形をした下側の花びらを大きく発達させており、また美しい模様で彩《いろど》られている。この花びらは、とくに唇弁《しんべん》と呼ばれている。この唇弁を目立たせることによって、ランは花を目立たせてハチなどの昆虫を呼び寄せる。また、唇弁の模様はハチに蜜のありかを示すサインにもなっていて、飛来したハチが着陸する場所にもなっている。

ランは種類によってこの唇弁をさまざまに発達させている。それがランの花を美しく装飾しているのだ。クマガイソウやアツモリソウの大きな袋状の花びらは、この唇弁が発達したものである。この唇弁の前方には、穴があいている。ハチに花粉を運んでもらう花は、奥に蜜を隠し、奥にまでもぐりこむことができるハチだけに蜜を与え

165　アツモリソウ

るように工夫されている。唇弁の穴は花の入り口のように装飾されていて、マルハナバチがもぐりこむのにちょうどよい大きさである。そのため、マルハナバチはその習性に従って、唇弁の穴にもぐりこむ。しかし中には蜜がない。そして、入り口は忍び返しのようになっていて、外には出られないしくみになっている。だまされたことに気づいたマルハナバチが脱出口を探すと、上のほうに光が見える。こうしてハチは唇弁の内側に生えた毛を足掛かりにして、やっとの思いで脱出するのだ。脱出口までの途中には障害物があって、そこに雄しべと雌しべが隠されている。こうしてハチは知らず知らず受粉の手伝いをさせられることになる。しかも受粉するためには、一度だましてまんまと雄しべの花粉をつけたマルハナバチを、最低でももう一度だまして花の中におびき寄せて、こんどは雌しべに花粉をつけさせなければならない。マルハナバチは昆虫のなかでも頭のいい虫として知られている。そのマルハナバチが二度もだまされるのだから、クマガイソウもアツモリソウも相当だまし方の名人なのだろう。

驕《おご》れるものは久しからず。『平家物語』でも知られるように、源平の戦いの末、平家はついに滅びてしまう。しかし、複雑な花の形が災いして、クマガイソウもアツモリソウも盗掘が絶えない。歴史のロマンに満ちたこの二つの植物が、人間の欲望の的になって、今、源氏、平家ともに絶滅に瀕しているのが物悲しい。

ガガイモ

蘿芋　ガガイモ科

伝説の不思議な果実

日本最古の歴史書である『古事記』にこんな物語がある。

国づくりの思案にくれていたオオクニヌシノミコト（大国主命）が出雲の海岸を歩いていると、波の上をただよいながら近づいてくるものが見える。よく見るとそれは、蛾の皮を剝いで作った着物を着て、天の羅摩船《あまのかがみぶね》に乗った小さな神であった。

その小さな神の正体が、後にオオクニヌシノミコトとともに国づくりを行ったスクナビコナノカミ（少名毘古那神）だったのである。このスクナビコナノカミは、後に一寸法師のモデルにもなったとされる小さな神である。

このスクナビコナノカミが乗っていた船の羅摩《かがみ》は、ガガイモの果実である。ガガイモの実は二つに裂けて、中から綿毛のついた種子を飛ばす。そして種子が飛び去ると、後には果実の皮が小舟のような形で残るのである。

それにしてもガガイモという名前は、日本語と思えない不思議な音韻である。

残念ながらガガイモの語源は明らかにされていない。古名の「かがみ」に由来し、かがみは、かがむような低い場所に太い茎があることに由来するという説や、種子の綿毛が太陽の光に輝くようすから鏡に由来するという説がある。また、葉の形が亀の甲羅に似ていることから、亀を意味するコガミに由来するという説もある。いずれにしてもガガイモの名前は謎に包まれている。

また、ガガイモは「イモ」と呼ばれているが、実際にはジャガイモやサトイモのような芋を作るわけではない。ガガイモの名前は、大きな実を見立てたとされている。神様を乗せて海を渡ってきた実も不思議な形をしているが、ガガイモは花も何とも奇妙な姿をしている。花びらが五枚で形は星型をしているが、どういうわけか花びらにたくさんの毛が生えているので、どこかヒトデのような姿なのである。

ガガイモは一センチ程度の小さな花が集まって咲いているが、不思議なことに花が咲き終わってできる実は、一〇センチもの大きさになる。これが、スクナビコナノカミの船となったのだ。

実が熟すと、中から綿毛のついた種子があらわれる。昔はガガイモの種子の綿毛を集めて、裁縫に使う針山にしたり、朱肉として使ったという。

タンポポの種子は綿毛で、風に乗って空に舞い上がる。ところがガガイモの種子は風がなくても、ふわふわと飛んでいく。

169　ガガイモ

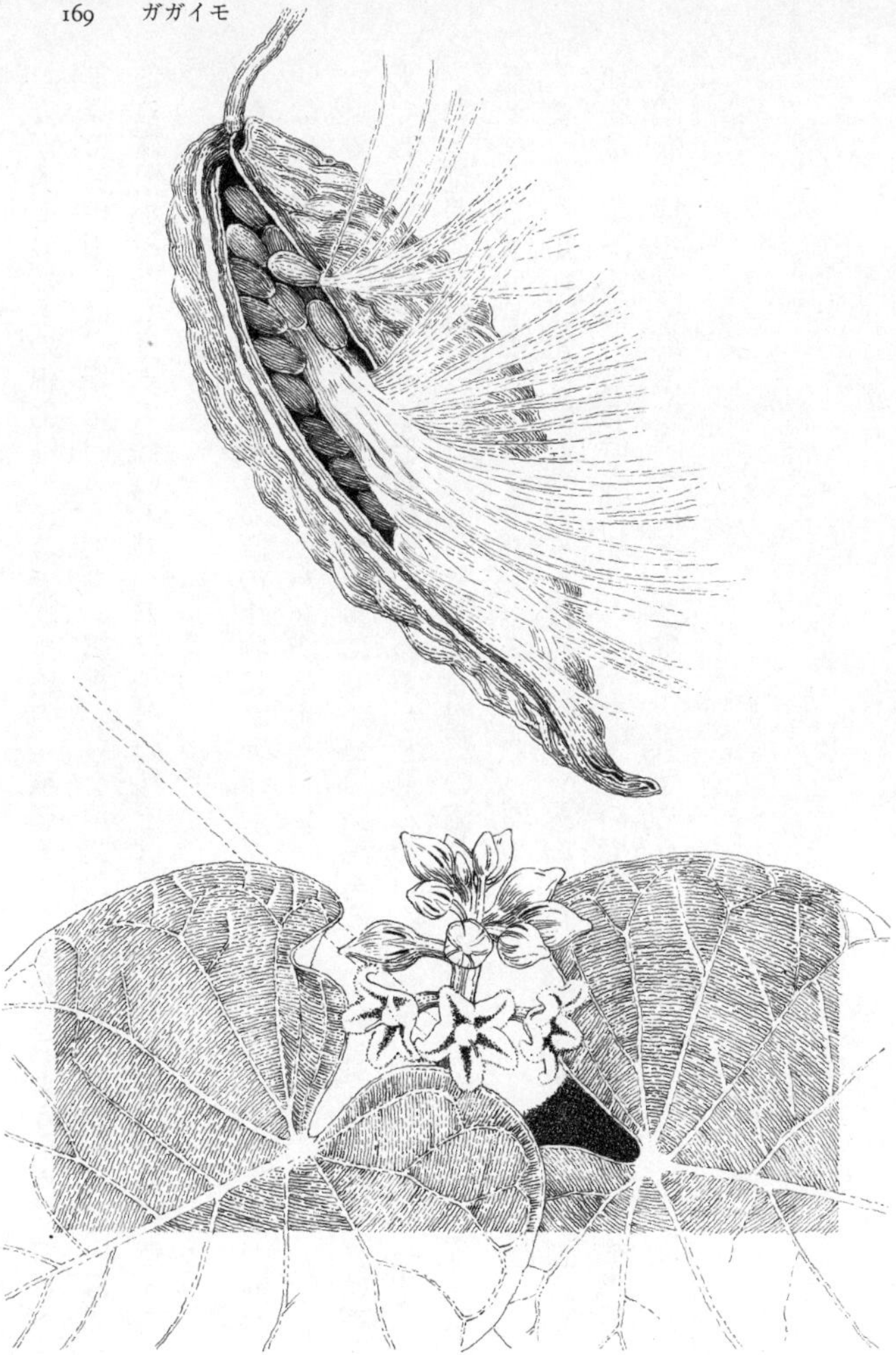

ガガイモの種子の綿毛は、まるで歌舞伎の「鏡獅子」を思わせるように白くて長い。実際にこの綿毛は、絹糸のように細い繊維からなっており「種髪《しゅはつ》」と呼ばれている。この種髪がとても長くて軽いので、ガガイモの種子は風がなくても、長時間浮遊することが可能なのである。

江戸時代から言い伝えられる謎の生物にケサランパサランがある。ケサランパサランは白い毛の生えた玉で、ふわふわと空を舞う。

謎の生物、ケサランパサランの正体については諸説あるが、いまだにその正体は不明である。ただ、ガガイモの種子はふわふわと飛んでいることから、ケサランパサランだと見間違えられることが多い。微細な空気の流れに乗って浮かんでいるようすは、確かに幻のケサランパサランを思わせる。

まったく知れば知るほどガガイモは謎だらけである。もしかすると、この不思議な植物は、本当に海の彼方の異世界からやってきたのではないだろうか。ガガイモの不思議な形態を見ていると、ついそんな気分にさせられてしまう。

カラスウリ
烏瓜　ウリ科
伸びたつるの先にあるもの

まっかだな　まっかだな
からすうりって　まっかだな
とんぼのせなかも　まっかだな

童謡「まっかな秋」（薩摩忠作詞）で歌われるカラスウリの赤い実は、よく知られているが、カラスウリの花はあまり知られていない。カラスウリの花は夜に咲くため、目にする機会が少ないのだ。

夕暮れになるとカラスウリの花が咲き始める。花は真っ白で均整のとれた星型をしており、花びらのまわりは白いレースのように細い糸状の飾りで装飾されている。なかなかエレガントでおしゃれな花である。

昼間は多くの虫が花粉を運んでくれるが、花の数も多いから競争が激しい。一方、夜は虫の数が少ない代わりに、ライバルとなる花も少ないので花粉を運ぶ虫を独占できる。このためカラスウリなど、いくつかの植物は、競争相手の少ない夜に咲く道を選んだ。夜咲くカラスウリの花粉を運ぶのは、蛾の一種であるスズメガである。カラスウリは暗い闇のなかでスズメガを呼び寄せなければならないのである。

ササユリの項でも紹介した（一六二ページ）が、カラスウリのように夜に咲く花は、白っぽい色をしていることが多い。昼間はよく目立つ赤い色も、暗くなるとまったく目立たない。一方、白い色であれば、暗い闇夜のなかで鮮やかに浮かびあがるのだ。

さらに花を目立たせようとすれば、花は大きいほうがいい。しかし、大きな花を咲かせるのはコストがかかり、大変である。そこでカラスウリは、レースのように細い糸状に花びらを変化させて、実際の花よりも何倍もの大きさに見せて目立たせている。

また、カラスウリの花は根もとのほうが長い筒状をしていて、一番奥に蜜を隠している。カラスウリの花粉を運ぶスズメガは、ホバリングして空中静止しながら、ストローのような長い口を伸ばして蜜を吸う。カラスウリは、花粉を運んでくれるスズメガだけに蜜を与えるように花を長くしているのである。

カラスウリには雄花だけを咲かせる雄株と雌花だけを咲かせる雌株とがある。カラスウリの真っ赤な実が実るのは雌株のほうである。花を咲かせるだけでなく、実を実

173　カラスウリ

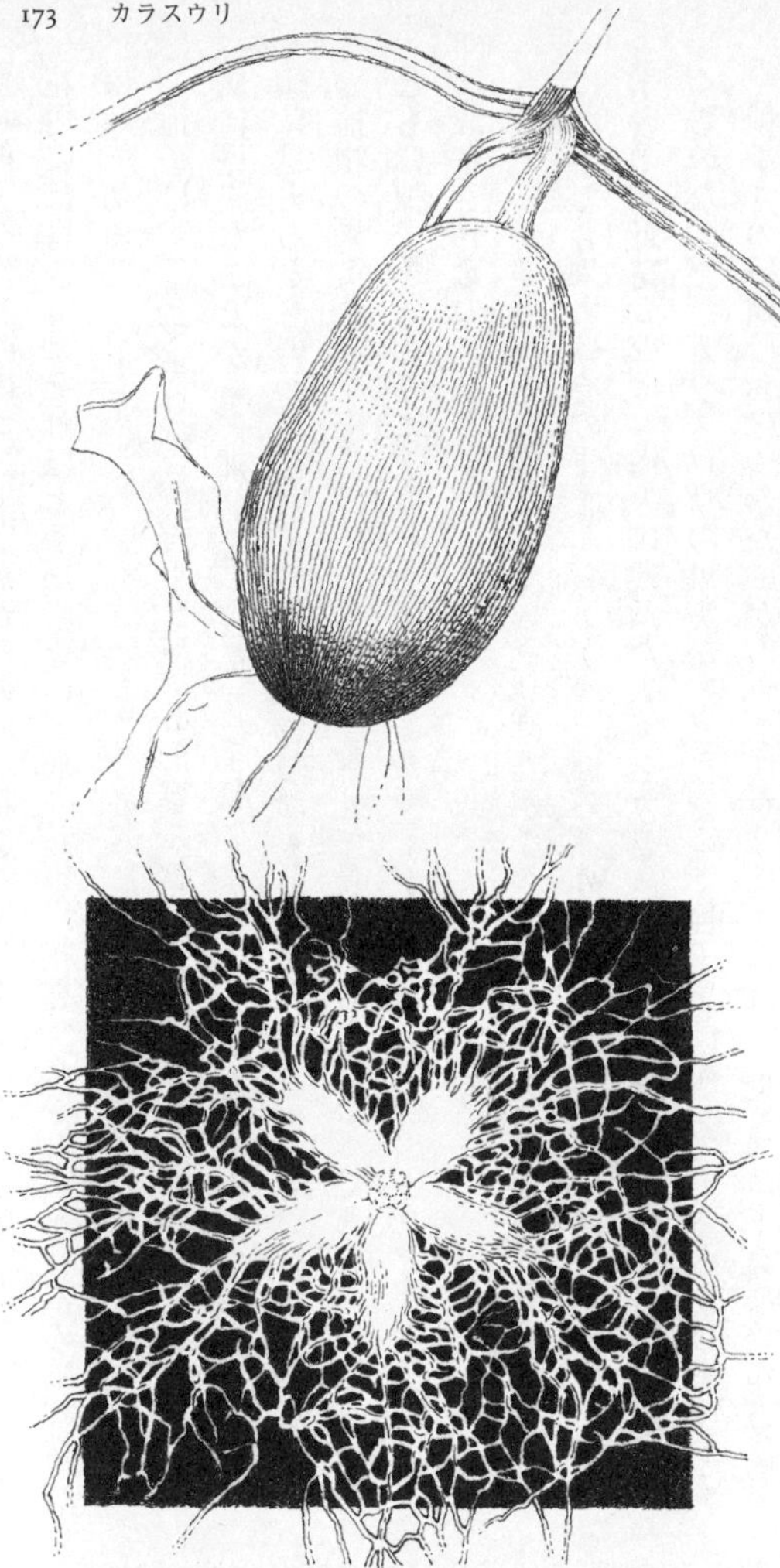

らせ種子を作るのはコストがかかるので、花をたくさんつけることはできない。一方、花粉にはコストはそれほどかからない。そのため、花をたくさん咲かせるのは雄株のほうである。

種子は、「カマキリの顔のような」と形容される奇妙な形をしている。これが結び文に見えたことから、別名を「玉章《たまずさ》」（手紙）という。また、打出の小槌や大黒様の顔に見えるともいわれ、財布の中に入れておくとお金がたまるともいわれている。

植物の果実が赤く実るのは、鳥を呼び寄せて食べてもらうためである。鳥は果実とともに種子を丸呑みにする。やがて、この種子が糞とともに排出されて、種子が遠くに散布されるのである。

ところが、真っ赤に実るカラスウリは鳥がなかなか食べてくれない。秋が過ぎて冬になっても果実はそのままぶら下がっている。カラスウリの語源は諸説あるが、植物学者の牧野富太郎は「樹上に残った果実をカラスが残したと見立てた」といっているくらいなのだ。カラスウリの果実が、どうやって種子を散布しているのかは謎である。

種子での繁殖はおぼつかないが、カラスウリはそのほかにもユニークな繁殖方法を持っている。夏の間、上へ上へと伸びていったカラスウリのつるは、秋になると垂れ下がり、今度は地面に向かって伸び始める。そして、つるが地中にもぐりこみ、あろうことか、つるの先端に芋を形成するのである。

ジャガイモのように地中に伸びた地下茎が芋を作るのならわかるが、地上に伸びていたつるが、ふたたび地面にもぐって芋を作るのは不思議である。しかし、つるの先に芋を作るというのも、考えてみれば理にかなっている。ジャガイモのように根もとに芋を作ると、もとの株の位置に生えるだけだが、伸びたつるの先に芋を作れば、もとの株から離れた場所に繁殖することができるのだ。

どうだろう、カラスも食わないカラスウリだが、何とも知恵に満ちたすごい植物であるとは思わないだろうか。

ハシリドコロ

走野老　ナス科

鬼が見える草

むかしむかし、あるところに、頬に大きなこぶのあるおじいさんが住んでいました。ある日、おじいさんが森の奥で山仕事をしていると、突然どしゃぶりの雨が降ってきたので、大きな木のウロに逃げ込んで雨宿りをしました。やがて眠ってしまったおじいさんが目を覚ますと、何と鬼たちが酒盛りをしながら歌い踊っていたのです。

ご存じ、昔ばなしの『こぶとりじいさん』の一節である。

山中で鬼にあったおじいさんの話が、真実かどうかは定かではないが、それを食べると「鬼が見える」と伝えられている「鬼見草」という植物がある。

鬼見草は、ナス科のハシリドコロの別名である。ハシリドコロの新芽はフキノトウと間違えやすいが、毒成分であるアルカロイドを含むために、誤って食べると幻覚症状を起こして、鬼が見えるといわれるようになった。深い山中で鬼を見た「こぶとりじいさん」も、もしかするとハシリドコロを食べてしまったのかもしれない。

177　ハシリドコロ

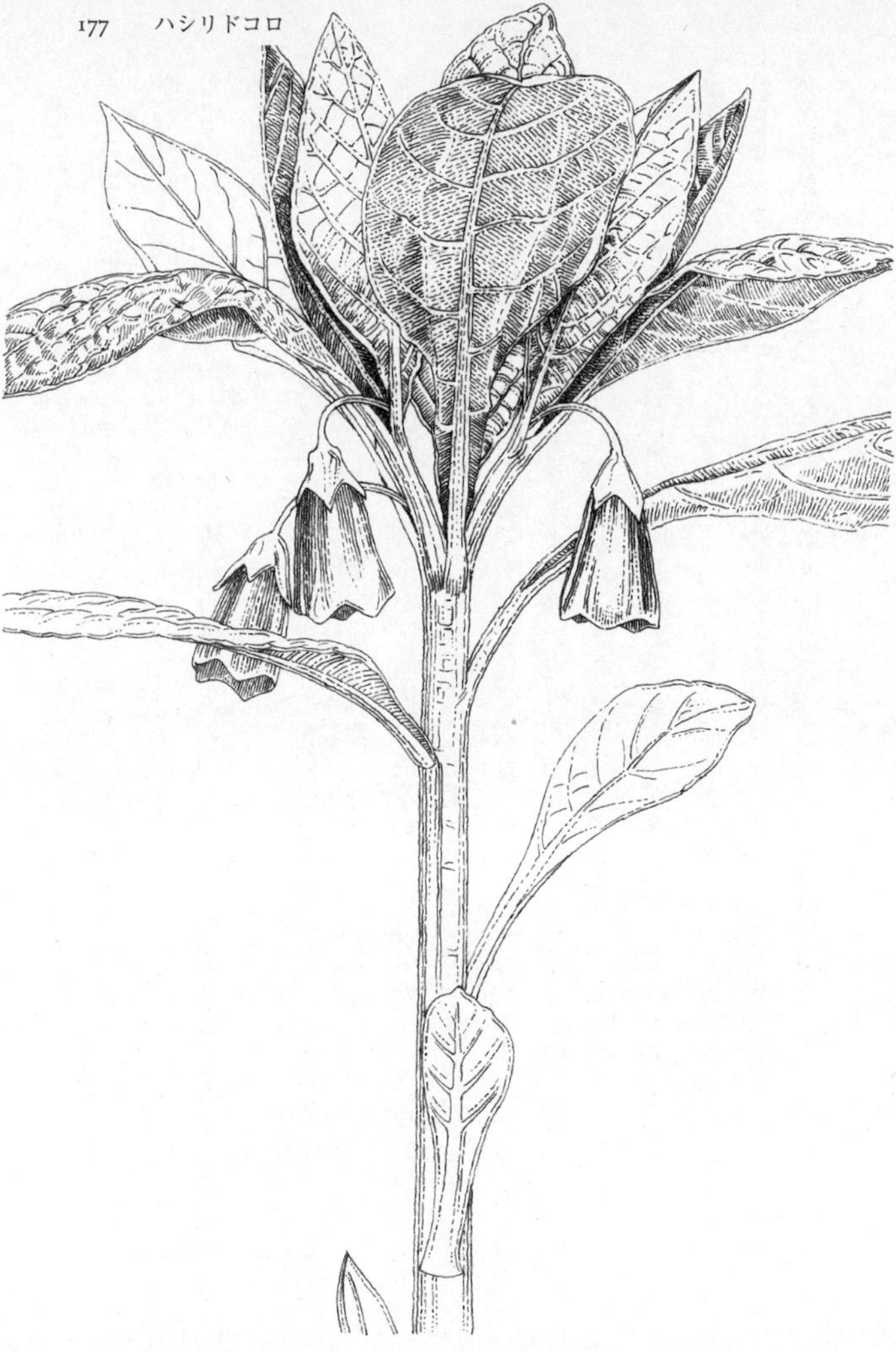

ちなみに、標準和名のハシリドコロは、「走野老」と書く。ヤマノイモ科の植物のことである。太い地下茎から生えているたくさんのひげ根があるため、これが老人の髭に見立てられて、「野老」と書かれるようになった。ちなみに野の老人に対して、海の老人と書くと「海老」である。

ハシリドコロはヤマノイモ科ではなく、ナス科の植物だが、地下茎がトコロ（野老）に似ていることから、トコロとつけられた。

「走りトコロ」といっても、もちろん、植物が走るわけではない。トコロに似た地下茎を食べた人が狂乱して走りまわる中毒症状に由来しているのだ。

ナス科の植物は身を守るために有毒な化学成分を発達させているものが多い。たとえばナス科のチョウセンアサガオは強い毒性のあるアルカロイドを持っている。強い中毒症状を起こすことから「きちがいなすび」の別名を持つくらいだ。

ナス科の植物は作物として利用されているものが多いが、どれも曲者ぞろいである。ジャガイモやタバコ、トウガラシもナス科の植物だが、ジャガイモの芽の部分に含まれるソラニンは、めまいや嘔吐などの中毒症状を引き起こす有毒物質である。また、タバコが持つニコチンも、もともとは身を守るための毒性物質だし、トウガラシの辛み成分であるカプサイシンも、虫や鳥に食べられないための防御物質である。

ヨーロッパには、セイヨウハシリドコロと呼ばれるベラドンナがある。ハシリドコロとベラドンナは属が異なるが、毒の成分はまったく同じであり、食べたときの症状も類似している。

ベラドンナは魔女が使う毒草とされており、「魔女の草」と呼ばれてきた。魔女が飛ぶときにはホウキや体に軟膏を塗りつけるが、この軟膏はベラドンナや、「悪魔の草」と呼ばれるナス科の毒草のヒヨスから作られる。鬼見草と同様に、魔女が空を飛ぶという言い伝えも、毒による幻覚からきているともいわれている。

鬼見草の異名を持つハシリドコロだが、春に咲く紅紫色の花は目立たず、葉の脇から垂れ下がって咲くようすはしおらしく見える。そして、花が終わると枯れて夏眠に入ってしまうのである。

じつはハシリドコロは、カタクリ（一五五ページ）と同じように、夏になって木々の緑がうっそうとし、ほかの植物が生い茂ってくると生存できなくなる。そのためハシリドコロは、春いち早く芽生えて花を咲かせ、種子を残して、ほかの植物が伸びはじめる季節は、土の中の根茎でやり過ごすのである。何ともか弱い春の野の草ではないか。

毒草呼ばわりされている恐ろしい猛毒を有するハシリドコロも、本当は、か弱い春の芽生えを守るために必死に身につけた知恵だったのである。

トリカブト
鳥兜　キンポウゲ科

ブスを生む美しい花

不美人な女性を俗に「ブス」というが、ブスの語源となった植物の花は、なかなかどうして、じつに美しい。

ブスの語源となった植物こそが、トリカブトである。トリカブトの花は園芸用に栽培されるほど美しく、「ブス」という名は似つかわしくないように思えるが、ブスとは花のことではない。ブスは漢字では「附子」と書き、トリカブトの塊根《かいこん》のことなのである。

トリカブトは猛毒を持つ植物として知られている。誤って口にすると神経系の機能が麻痺して無表情になる。このトリカブトに苦しむ表情から「ブス」といわれるようになったのである。

トリカブトの毒の主な成分は、アコニチンやメスアコニチンなどのアルカロイドである。この毒は、フグのテトロドトキシンにつぐ猛毒で、トリカブトは植物界では最強の有毒植物である。古来から毒矢などに用いられ、最近では殺人事件にも悪用されたが、一方でトリカブトの塊根は生薬として鎮痛、強心剤などに用いられた。
もっとも、有毒植物として恐れられるトリカブトであるが、それは誤食した場合の話である。トリカブトは秋の山野に紫色の美しい花を咲かせる。

トリカブトの花は、独特の形をしている。

トリカブトは「鳥兜」と書く。鳥兜とは、雅楽のときに使う烏帽子《えぼし》のことである。トリカブトは花の形がこの烏帽子に似ていることからそう名づけられた。

花びらのように見えるものは、じつはすべてがくである。トリカブトは五枚のがくで兜の形を作っている。五枚のがくには、それぞれ役割がある。トリカブトの花粉を運ぶのはマルハナバチの仲間である。トリカブトの花の下側の二枚のがくはハチの着陸場所であり、その上の二枚のがくは左右の壁になっていて、花の奥へといざなう通り道を作っているのである。

一番上の兜型のがくのなかに二枚の花びらが隠されていて、蜜をためている。そして、トリカブトの花にマルハナバチが頭を突っ込むと、ちょうどお腹の位置に雄しべや雌しべが配置されていて受粉をするのである。

ハチ類は、紫色よりも波長の短い光をよく識別する。トリカブトの花が鮮やかな紫色をしているのも、マルハナバチに見つけられやすいためだ。トリカブトの美しくも

183　トリカブト

複雑な形は、マルハナバチに花粉を運ばせるための手の込んだ装置だったのである。

生薬として用いられたトリカブトの塊根は、平安時代には宮廷への献上品として用いられた。ところが平安中期の法典『延喜式』巻三十七によれば、駿河の国（現在の静岡県）がトリカブトの主要な産地であることが記されている。

トリカブトの根である「附子《ぶす》」は、生薬名では「ブシ」と読む。富士山の語源にはさまざまな説があるが、一説によると、トリカブトがたくさん取れたことから「ブシの山」に由来するともいわれている。また、アイヌ語でトリカブトの根を「スルク」（またはスルグ）というため、トリカブトの産地であった駿河の国名もアイヌ語のスルグに由来するという説まである。はたして真相はどうだろうか。

謎に包まれながら、トリカブトの紫色の花は妖しい雰囲気をただよわせている。

草地の野草

明るく広々とした草地には、一面に多くの草花が生える。そんな野原は、子どもたちの遊び場所でもあった。しかし草地の環境を放っておけば、草が生い茂り、やがて木が生えて藪になってしまう。草花が生える環境は、人間が草刈りをしたり、野焼きをしたりすることによって保たれる。草地に暮らす植物は、こうした人の営みに依存しているのである。

オニユリ

鬼百合　ユリ科

鬼と呼ばれた花の工夫

「鬼百合」とは、ずいぶんとひどい名前をつけられたものである。ユリの花というと可憐で美しいイメージがあるのに、「鬼」をつけると、何とも恐ろしげである。

確かにオニユリの花は、可憐というには派手で少し毒々しい感じがする。また、花びらも反り返って奇妙といえば奇妙な形をしている。しかし、オニユリの花の形には秘密がある。オニユリの花は知恵と工夫に満ちあふれているのである。

花を訪れるチョウは、人間の目には美しく映るが、植物の花にとっては厄介者である。ほかの昆虫たちが花の中にもぐりこんだり、花の上を歩きまわったりして蜜を吸うのに対し、チョウはストローのような長い口を伸ばして花から蜜を吸う。そのため体に花粉をつけることなく、首尾よく蜜だけを奪ってしまうからである。花がたっぷり蜜を用意するのは昆虫に花粉を運ばせるためだから、これでは都合が悪い。花にとって、チョウは蜜泥棒なのである。

187　オニユリ

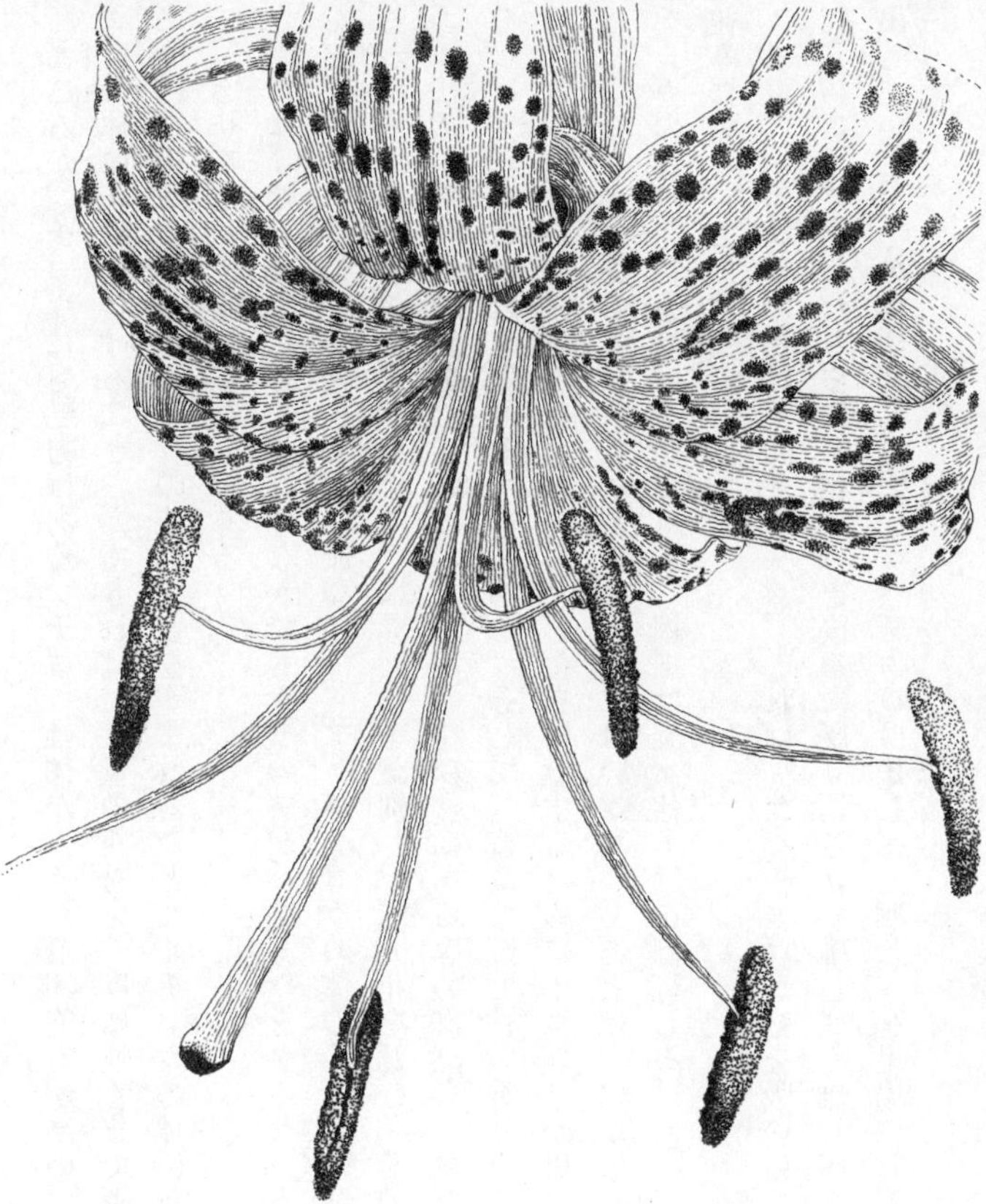

ところが、チョウにも魅力はある。チョウは体が大きく飛翔能力が高い。うまくチョウの体に花粉をつけることさえできれば、大量の花粉を一度に遠くまで運ぶことが可能になる。そこでオニユリの花は、蜜を盗まれることなくチョウの体に花粉をつけて運ばせることに挑戦したのである。

オニユリは、大胆にもチョウのなかでも大型のアゲハチョウをターゲットとして選んだ。オニユリの花が大きくて立派なのは、アゲハチョウの体のサイズに合わせているからである。また、アゲハチョウは赤い色を識別し、赤い花を好む。そのため、オニユリは赤系統の朱色をしているのである。花びらにある黒い斑点も、コントラストをつけて花びらを目立たせるためである。そして、豊富な蜜と甘い香りでアゲハチョウを惹きつけた。大型の花とたっぷりの蜜を用意するためにオニユリが掛けるコストは相当なものである。これで失敗するわけにはいかない。あとは、いかにしてアゲハチョウの体に花粉をつけるかである。細工は流々仕上げを御覧《ごろう》じろ。オニユリのお手並み拝見といこう。

まず、オニユリの花は下向きに咲く。これはアゲハチョウが蜜を吸いにくいようにしているのである。さらに、花びらを後ろに反り返させて雄しべや雌しべを長く突き出している。そのため、訪れたアゲハチョウは雄しべや雌しべを足場にしてぶら下がり、羽をばたつかせながら苦労して蜜を吸う。そうしている間に、チョウの体は花粉だらけになってしまうのである。

工夫はそれだけではない。オニユリの雄しべの先はT字型の構造になっていて、花粉の入った葯《やく》が自在に動くようになっている。掃除モップの先のように、どんな角度でもチョウの体にぴったりとフィットするようにできているのである。そのうえ花粉には粘り気があって、チョウの体につきやすくなっている。ユリの花粉が私たちの衣服につくと、とれにくく嫌がられるのはそのためである。さらに雄しべの先からは粘液が出ていて、花粉が受け取りやすくなっている。花粉を運ばせるために蜜泥棒をパートナーとして選んだオニユリの花のやり口は、相当に手が込んでいるのだ。

ところが、である。こんなに苦労してアゲハチョウに花粉を運ばせているにもかかわらず、オニユリには種子ができない。じつは、オニユリは三倍体の染色体を持つ植物なので、受粉をしても正常に種子を作ることができないのである。

オニユリの原産地は中国である。中国ではオニユリは二倍体で、種子を作って繁殖している。原産地ではオニユリの花はしっかりと用を果たしているのだ。三倍体のオニユリは種子をつけない代わりに、葉の根もとにむかごを作って増えることができる。しかし、種子のように遠くまで散布されることはない。

一方、日本では一部の地域をのぞいて、種子のできない三倍体のオニユリが広く分布している。しかし考えてみると、これは不思議である。どうして種子のできない三倍体のオニユリが日本各地に広がっていったのだろうか。

じつは、オニユリは球根を食用にするために古い時代に中国から導入された。種子を作ると種子に栄養を取られて球根の生長が悪くなる。そのため、食用に適した三倍体のオニユリだけが日本に伝わり、各地に植えられたのである。私たちが野山で目にするオニユリは、遠い昔に私たちの祖先が球根を植えたものなのだ。

いずれにしても、受粉の必要がないのに、美しい花を咲かせ、チョウの体いっぱいに花粉をつけているオニユリのようすは、何だか悲しくも哀れである。

ノアザミ

野薊　キク科

国を救った英雄

美しい花にはトゲがあるというが、野に咲くアザミにはトゲがある。

アザミの名は、「あざむ」に由来するといわれている。あざむには「興ざめする」という意味がある。美しい花だと思ってふれると、トゲがあって驚かされる。つまりは、あざむかれたということなのだ。また、アザミは漢字で「薊」と書くが、草冠に魚(骨)と刀を書き記した字は、アザミのトゲをよくあらわしている。

アザミはスコットランドの国花として有名である。昔、スコットランドがノルウェーの大軍に攻められたとき、夜襲を掛けようとしたノルウェー軍の兵隊がアザミを踏んで悲鳴を上げたため、奇襲に気がついたスコットランド軍は大勝を収めることができた。そして、それ以降、スコットランドの人々を悩ませていたノルウェー軍の侵攻はなくなったという。こうしてアザミは国を救った花とされ、スコットランドの国花や紋章となったのである。

美しくも強い、それがアザミの魅力である。

もっとも、アザミがトゲを持っているのは城を守るためではない。葉の緑の鋭いトゲで動物から身を守っているのである。

明るい草地に生えるノアザミは、牧場のなかでも花を咲かせているのをよく見かけるが、おなかを空かせた牛や馬も、決してノアザミを口にすることがない。ノアザミの葉を食べようとすれば痛い目にあうことを知っているからである。そのため放牧地では、食べつくされた草地のなかにノアザミだけが残っている光景がよく見られる。

こうして身を守っているノアザミであるが、残念ながら人間には食べられてしまう。ノアザミの春の若芽は山菜として採取されて、天ぷらやおひたしにされてしまうのだ。

アザミは種類がじつに多く、種の分類はなかなか難しい。日本には約六〇種以上のアザミがあるとされていて、いまでも新種が見つかるくらいである。しかし、ノアザミだけは特徴的なので区別することが容易である。

多くのアザミ類は、林縁の日陰を好んで咲いているのに対して、ノアザミは日当たりのよい明るい場所に生える。また、アザミ類は夏から秋にかけて花を咲かせるが、ノアザミだけは春に花を咲かせるのである。

アザミの仲間は筒状の小さな花が集まって、一つの花を形作っている。アザミの花にやってくるのはチョウである。しかし、足が長く、ストローのような長い口を伸ば

193　ノアザミ

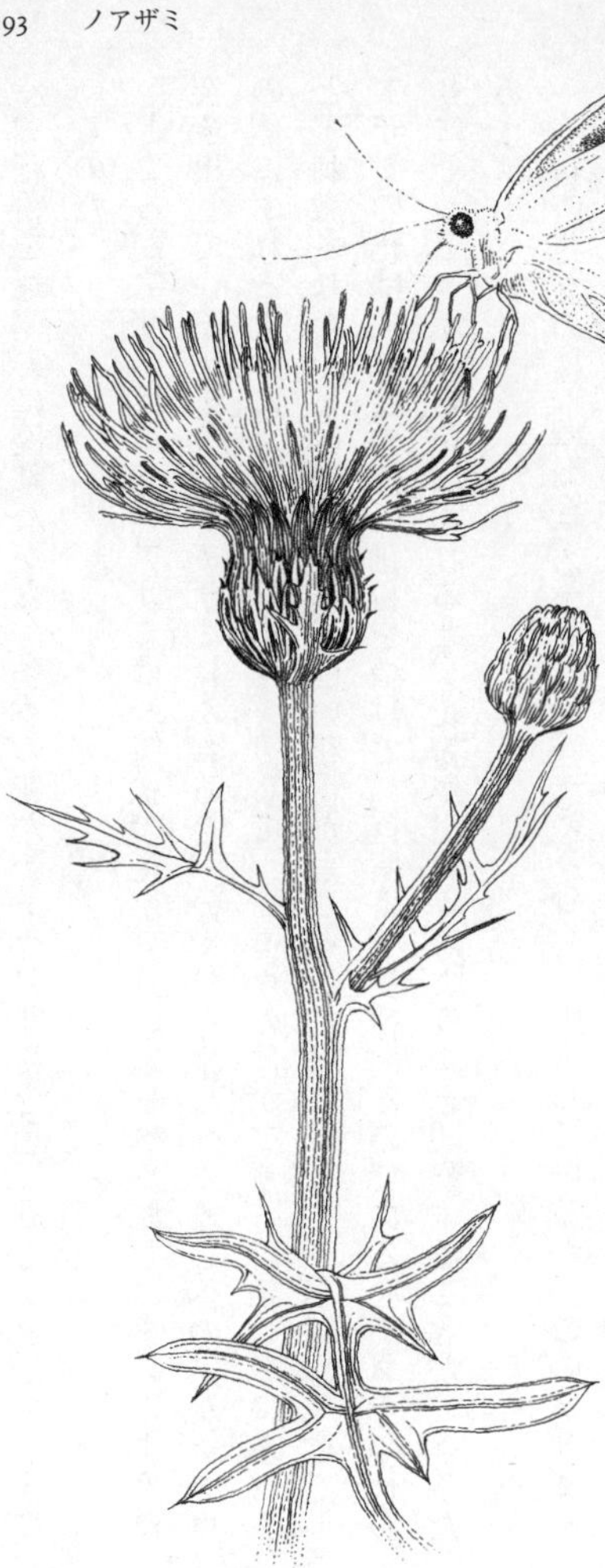

して蜜を吸うチョウの体に花粉をつけるのは簡単ではない。そのため、飛翔能力が高く、花粉を運ぶ力に優れながら、多くの花がチョウに花粉を運ばせることができずにいるのだ。

ところがアザミは違う。アザミは、筒状の花から長い雄しべや雌しべを針のように突き出している。チョウがアザミにふれると、いやでも雄しべや雌しべの先がチョウの体にふれるようになっているのだ。そして、チョウの体がアザミの雄しべにふれると、刺激された雄しべの先から、白い花粉がもこもこと吹き出してくる。こうして、アザミの花はチョウの体に花粉をつけて、首尾よく受粉するのである。チョウの代わりにそっとアザミの花にふれると、花粉が出てくるようすを観察することができるだろう。

美しい花なのにトゲがあるアザミは、「あざむ」に由来しているが、このアザミをさらにあざむいた植物がある。ノアザミと同じ春に花を咲かせるキツネアザミである。キツネアザミはアザミによく似た小さな花を咲かせるが、アザミに比べるとずいぶんやさしく愛らしい感じがする。キツネアザミは、実際にはアザミの仲間ではないため、アザミのようなトゲがない。そのため、キツネに化かされたという意味でキツネアザミと名づけられたのである。

イラクサ
刺草　イラクサ科

イライラしないで

世はストレス社会である。何かとイラつくことの多い世の中だが、「イライラする」という言葉は、よく考えると不思議な言葉である。「イライラする」という言葉は、いったい何に由来するのだろうか。

「イライラする」のもとになったのが、山野に見られるイラクサ（刺草）という植物で、「イラ」とは植物のトゲを意味する言葉である。

イラクサの茎や葉には細かな刺毛《しもう》が密生している。そのため、イラクサにふれると、トゲが刺さりチクチクしてがまんできないほど痛がゆい。この不快な感じから「イライラする」という言葉ができたのである。

バラのようにトゲで身を守る植物はほかにもあるが、イラクサが持っているのはただのトゲではないからやっかいである。トゲの根もとには毒を含んだ小さな袋が備えられていて、皮膚に刺さるとトゲが先端に外れて、注射針のように傷口に毒を注入する。そのため、イラクサの刺毛に刺さると肌が赤く腫れ上がってしまうのだ。

イラクサは漢名を「蕁麻《じんま》」という。この蕁麻による発疹が、アレルギー発疹を意味する「蕁麻疹《じんましん》」の語源なのである。

こうしてイラクサは、野生動物から葉が食べられるのを防いでいる。

アンデルセン童話の『白鳥の王子』には、お姫様が白鳥に姿を変えた十一人の兄たちの魔法を解くために、血だらけになりながらイラクサで十一着の上着を編むという場面がある。絵本によっては、あまり知られていないイラクサではなく、イバラで上着を編むお話に書き換えられているものもある。イバラで上着を編むのも確かに痛そうだが、イラクサも少しふれただけでイライラして、発疹が出るような植物である。イラクサを使ったお姫様の実際の作業は、イバラで編むよりもずっと壮絶なものだっただろう。

魔法を解くのが目的のストーリーでなければ、もっと簡単に上着を作ることができる材料がある。英語では「ニセのイラクサ」と呼ばれる植物がそれである。

その植物とは、イラクサによく似たイラクサ科のカラムシである。カラムシにはイラクサのようなトゲがない。そのため、カラムシは古くから繊維を取る植物として利用されてきた。弥生時代の遺跡からは、すでにカラムシの繊維で編んだ布が発見されているというから、その歴史は古い。

イラクサが蕁麻と呼ばれているのに対して、カラムシは苧麻《ちょま》と呼ばれている。カラムシの茎を蒸して繊維を取った。そのため、カラムシの名は「茎蒸し」に由来して名づけられたのである。

カラムシは別名を「真麻《まお》」という。奈良時代の麻織物は麻を材料とするものはわずか二割で、カラムシを材料とするものが八割だったという。「真麻」と呼ばれるだけあって、昔、カラムシは麻織物の主役だったのである。

ちなみにカラムシによく似た植物にヤブマオ（藪苧麻）やアカソ（赤麻）がある。いずれも古来から繊維を取るために利用されてきた植物である。

しかし、アオイ科のワタから採取される木綿が普及するようになると、いつしかカラムシは栽培されなくなった。そして、畑から逃げ出したカラムシが雑草として広がったのである。

太平洋戦争中の物資の乏しい時代には、雑草のカラムシを採取して軍部に供出したというが、物のあふれた現代ではカラムシに目を向ける人は少ない。それどころか、どうだろう。繊維植物としての栄光も今は昔、カラムシは花粉症の原因植物として嫌われている始末である。カラムシにとっては、ずいぶんと肩身が狭く居心地が悪い時代になったものである。

タケニグサ

竹似草　ケシ科

運動会のおまじない

運動会の前には、二つの大切なおまじないがある。一つは、お天気を願って「てるてる坊主」を吊るすことであり、もう一つはタケニグサの草の汁を足のふくらはぎにつけることである。昔から、タケニグサのオレンジ色の草の汁をつけると足が速くなるという俗信があるのである。

ただし、タケニグサの草の汁はアルカロイドを含み有毒である。そのため、おまじないをするときも、足に傷があるときには塗らないように注意することが必要だろう。その毒は強力で、昔はぼっとん便所にタケニグサの茎や葉を入れて、ウジ殺しにしたほどである。

タケニグサの名前は、竹に似ていることから「竹似草」に由来するという説と、いっしょに竹を煮ると竹がやわらかくなり細工しやすくなることから「竹煮草」に由来するという説とがある。

名前の由来はともかく、太く節があるタケニグサの茎は、どことなく竹に似ていなくもない。

タケニグサは開発された荒地や土砂が崩れた崩落地など、植物がなくなった土地に生える。このように植物にとって未開の地に最初に生える植物は、パイオニア植物と呼ばれる。タケニグサはパイオニア植物の一つなのだ。

何もない荒れた場所に種子を落とし、最初に生育するパイオニア植物は、小型の植物が多い。ところが、タケニグサは違う。春に種子から芽を出すと一気に生長を遂げ、夏までには二メートルを超えて見上げるほどの高さに達するのである。

この生長の速さの秘密は、竹に似た茎にある。タケニグサの茎は竹のように中が空洞になっている。茎の構造を中空にすることによって、茎を作る資材を節約し、その分だけ速やかに高く伸ばすことができる。しかし、中空で伸ばした茎は構造上、折れやすい。そこで、ところどころに節を作って補強しているのである。

それにしてもたった一粒の種子が、数カ月の間に二メートルにもなるのだから、ものすごい生長の速さである。

夏になるとタケニグサは、茎の先に小さな白い花をたくさんつける。花が終わって秋になると、平たい形をした小さな果実が茎の先端にぶら下がる。この果実が、風に揺れるとさやさやと音を立てる。この音が、人がささやいているように聞こえること

201　タケニグサ

から、タケニグサには「ささやき草」という素敵な別名もある。タケニグサは秋風と、いったい何をささやいているのだろう。

タケニグサの小さな種子には、エライオソームと呼ばれるゼリー状の物質がついている。このエライオソームの成分は糖分や脂肪酸である。じつは栄養豊富なエライオソームは、タケニグサがアリの餌として用意したものなのである。

どうしてタケニグサの種子はアリのために餌を準備しているのだろう。

アリは、種子についたエライオソームを餌とするために、タケニグサの種子を自分の巣に持ち帰る。このアリの行動によってタケニグサの種子は遠くへ運ばれるのである。しかし、アリの巣は地面の下深くにある。地中深くへ持ち運ばれた種子は芽を出すことができるのだろうか。

アリはエライオソームを食べ終わると、種子が残る。種子は食べられないので、巣の外へ捨ててしまうのだ。こうしてタケニグサの種子は遠くへ運ばれて散布される。

タケニグサと同じようにアリが種子を運ぶ植物には、スミレの仲間やカタクリ、ホトケノザ、フラサバソウ、キケマンの仲間など多くの種類がある。草花が咲くふるさとの野原の風景は、こうした小さなアリたちの知られざるはたらきによっても形作られているのである。

イタドリ――世界を舞台に大暴れ

虎杖　タデ科

俗に「スカンポ」と呼ばれる植物には二種類ある。一つは、タデ科のスイバ（八七ページ）。もう一つは同じタデ科のイタドリである。

「スカンポ」は漢字では「酸模」という字が当てられる。スイバもイタドリも茎をかむとすっぱい味がする。昔は、子どもたちがスイバやイタドリをおやつ代わりにした。スイバとイタドリとは見た目はまったく違うが、食べたときのすっぱい味はどちらも「すかんぽ」（酸模）だったのである。スイバとイタドリに含まれるすっぱい物質は、同じシュウ酸（蓚酸）である。

スイバの名前も「酸い葉」に由来する。これに対してイタドリの語源は「痛み取り」である。イタドリの若葉を揉んで傷口に貼ると、血が止まり、痛みが取れるという。この薬効からイタドリと呼ばれるようになった。平安初期に編纂された『本草和名』（九一八年ごろ撰述）には、すでにイタドリという名前が記されている。

イタドリは荒地に生え、短い期間に生長を遂げて大きくなる。この速い生長の秘密は、タケニグサ(一九九ページ)と同じように、茎を中空にして節を作る竹のような構造にしているためである。そのため、イタドリの茎は軽くて丈夫なのだ。

イタドリは漢名で「虎杖」と書くが、これは軽くて丈夫なイタドリの茎が杖に用いられ、茎の虎斑模様《こはんもよう》から「虎杖」と呼ばれたことによる。

ところが、イタドリの中空の茎を利用するのは人間だけではない。秋になるとコメツガという蛾の幼虫が茎の中に巣を作って冬を越すし、アリの仲間もイタドリの茎の中で冬を越す。中空の茎は、いろいろと使い勝手がいいようだ。

イタドリは荒地に育ち生長が速いため、日本からヨーロッパへ導入されて土壌の侵食を防いだり、家畜の餌などとして利用された。ところが、イギリスをはじめとしたヨーロッパ諸国では、逃げ出したイタドリが蔓延して問題となっている。強靭な地下茎で石垣やコンクリートを突き破ったり、電車のレールを押し曲げたり、堤防を壊したりと、やりたい放題の猛威を振るっているのである。

外来植物というと、セイタカアワダチソウやホテイアオイのように、海外から日本にやってきて大繁殖している植物を思い浮かべる。島国根性のひがみかも知れないが、欧米からやってくる植物はいかにも強そうで、か弱い日本の植物を圧倒しているようなイメージがあるのだ。

205　イタドリ

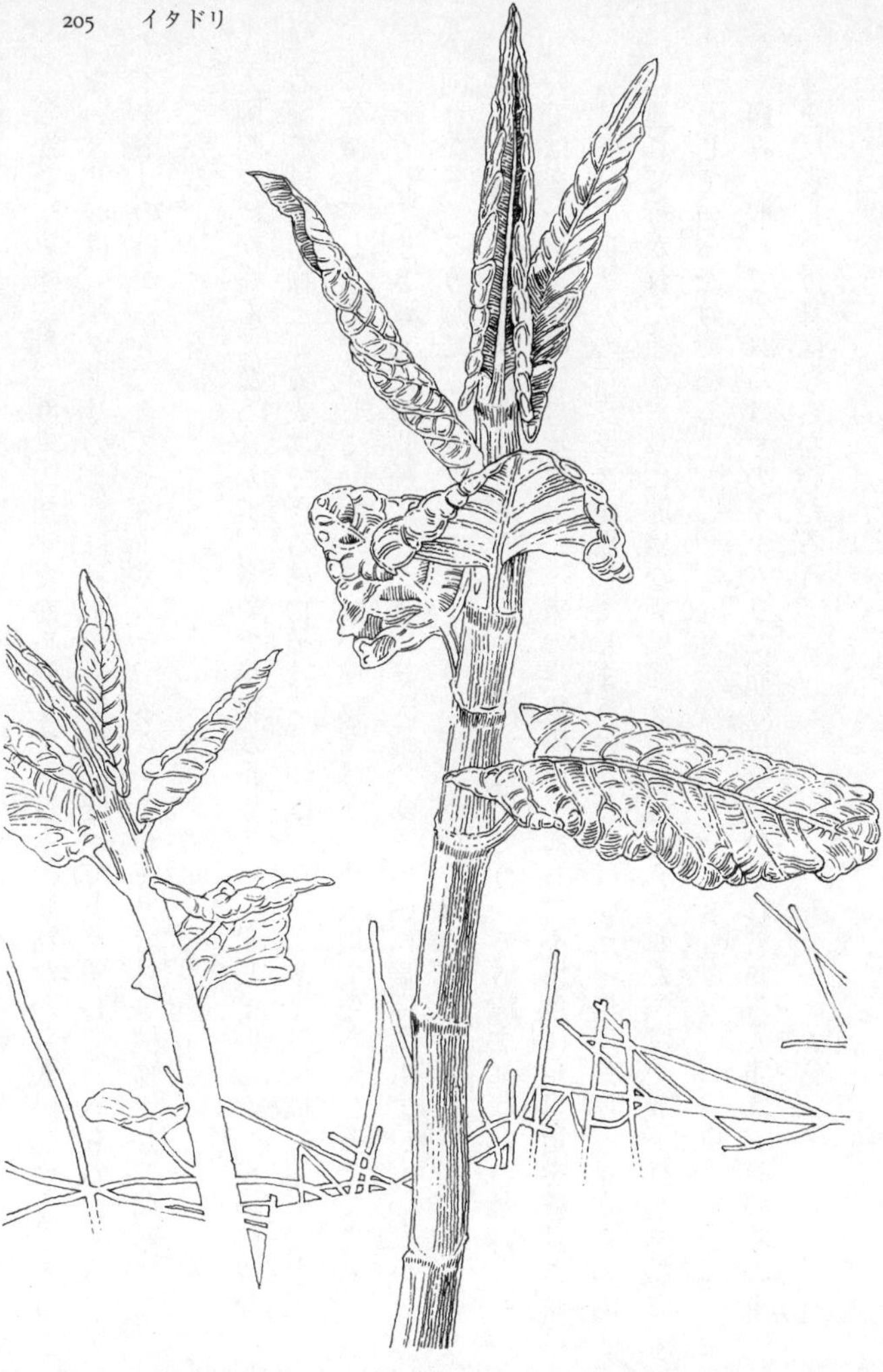

しかし、実際には、欧米の植物だから強くて、日本の植物だから弱いということはない。じつは、イタドリのように日本から海外に渡って大繁殖しているものもある。イタドリのほかにも、クズやスイカズラ、ネムノキが海外で外来植物として問題になっている。

国際交流が盛んになるなかで、多くの植物が世界を行き来しているが、環境の異なる国で外来植物として成功できる植物種は、じつは少ない。多くは環境に適応できずに死滅してしまう。そしてわずかな強い植物だけが、新天地で生き延びるのである。そうして生き残った植物種にとって、新天地である外国は病原菌も害虫もいない天国となる。こうして、イタドリもヨーロッパで大成功を収めたのである。

しかし、スポーツ選手でもあるまいし、海外に出て行って活躍すればいいというものではない。自然の生き物には、本来の生息場所がある。不用意に生息地を移動させられては、自然界のバランスが崩れてしまうのだ。とはいえ、無理矢理、見知らぬ国に連れて行かれたイタドリに罪はない。イタドリは与えられた環境で精一杯生き抜こうとしているだけである。

痛みを取ってくれるはずのイタドリに痛い目をあわされている人間は、その罪の重さを反省しなければならないだろう。

キキョウ

桔梗 キキョウ科

失われる季節感

萩の花 尾花《おばな》 葛花《くずはな》 なでしこの花 をみなへし また藤袴《ふぢばかま》朝がほの花（巻八、一五三八）

『万葉集』に収められた山上憶良《やまのうえのおくら》の歌で有名な「秋の七草」で朝がほの花と詠まれているのは、現在のアサガオではない。アサガオは平安時代に中国から伝えられた植物なので、秋の七草が詠まれた万葉の時代には、まだ日本にはなかったからである。

また、『万葉集』には「朝顔は朝露負《お》ひて咲くと云へど夕陰《かげ》にこそ咲きまさりけれ」（巻十、二一〇四）という歌がある。夕方に美しいと歌われているのだから、やはりこの朝顔は現在のアサガオとは別の植物なのだろう。

それでは、秋の七草の朝顔は、いったいどの植物なのだろうか。これには諸説あり、ヒルガオやムクゲ、キキョウがその候補に上がっている。現在では八九〇年ごろ記された漢和古辞書『新撰字鏡』の桔梗の項に「阿佐加保」と記述されていることから、朝顔はキキョウのことを指すという説が有力である。

秋の七草は日本の原風景である里山の草地に見られる植物が並んでいる。キキョウも明るい草地に咲く植物である。現在では、園芸種が出まわっていて、キキョウは庭先や花屋でよく見かける花になってしまった。日本人は季節を先取りするのが好きである。そのため園芸種はほとんど早咲きに改良されていて、初夏に花を咲かせる。園芸種が普及して、キキョウの花は珍しくなくなったが、一方で野生では里山草地の減少によって姿を消しており、絶滅が心配されるまでにその数を減らしている。キキョウは秋の七草のプライドを奪われつつあるのである。

平安時代初期の本草書『本草和名』でキキョウは、「阿利乃比布岐」と書かれているが、これは「アリの火吹き」と読む。キキョウは紫色の花を咲かせるが、この色素はアントシアニンである。アントシアニンは酸性になると赤く変色する性質がある。そのためキキョウの花をアリの巣に入れると、アリが花弁をかむので、かんだところがアリの出す蟻酸《ぎさん》によって赤くなる。このようすが、アリが火を吹いているように見えることからアリノヒフキと呼ばれたのである。何という手の込んだ名前のつけ方だろう。昔の人が持つ植物の観察の鋭さには本当に驚かされる。

209　キキョウ

キキョウは高貴な紫色を咲かせるが、秋の枯れ野に咲く花は紫色が多い。冒頭にあげた秋の七草でも、萩の花（ハギ）、葛花（クズ）、なでしこの花（カワラナデシコ）、藤袴（フジバカマ）も紫色系統である。

紫色の花を好んで訪れるのはハナバチの仲間である。レンゲの項（三三ページ）でも説明したように、頭がよいハナバチは、花のレストランを訪れる昆虫のなかではもっとも高級な客である。そのため、紫色の花は、一般に筒状の複雑な形をしていて、筒の奥深くにもぐりこむことができるハナバチだけに蜜を与えるように工夫をこらしている。

ところが、紫色の花を咲かせるキキョウは、花びらを開け広げているだけだ。キキョウの花に何の工夫もないのだろうか。

もちろん、キキョウの花にも工夫がある。キキョウの花の奥を見ると、雄しべが集まってドームの形をなしていて、そのなかに蜜が隠されている。つまりドームを押し広げて花の奥まで進み、蜜を吸いださなければならないようになっているのだ。

キキョウは高貴な紫色をした上品な花だが、その花には、野の花としてのしたたかな戦略が隠されているのである。

カワラナデシコ

大和なでしこは今どこに

河原撫子　ナデシコ科

『源氏物語』には「常夏《とこなつ》」と呼ばれる植物が登場する。常夏という言葉から、あなたならどんな植物を想像するだろう。ハイビスカスかブーゲンビリアだろうか。あるいは、ココナッツかヤシの木だろうか。

意外なことに「常夏」と呼ばれた植物はナデシコである。ナデシコは、夏から秋にかけて長い間咲いているので、平安時代には、常に夏に咲いているという意味で「常夏」という別名で呼ばれていた。

一方、ナデシコは漢字で「撫子」と書く。美しく愛らしい花がかわいい愛児にたとえられ、撫で撫でする「撫でし子」と呼ばれたのである。

『源氏物語』を書いた紫式部のライバルである清少納言は『枕草子』第六十四段で、「草の花は、瞿麦《なでしこ》、唐のはさらなり。日本《やまと》のも、いとめでたし」と記している。

平安時代、ナデシコには唐（中国）のものと、日本（やまと）のものがあった。平安時代に日本に伝えられた唐《から》なでしこは、石竹《せきちく》のことである。セキチクは岩場に生えて竹のような葉をつけることに由来している。

そして中国から入ってきたナデシコに対して、日本にもともとあったナデシコは日本のナデシコという意味で「大和なでしこ」と呼ばれるようになった。中国のナデシコは春に一度しか咲かないのに対して、日本のナデシコは長い間、咲いている。そのため、わざわざ「常夏」と呼ばれたのである。

日本のナデシコは、図鑑に記載された正式な名前では「カワラナデシコ」である。カワラナデシコというくらいだから河原でよく見かけるが、河原だけでなく、林のまわりの草地や、田畑のまわりの土手などでも、花を咲かせている。こう書くと、どんなところでも生えているような感じがするが、カワラナデシコが生えている場所には共通点がある。いずれも、日当たりのよい開けた草地を生息地としているのだ。カワラナデシコは、大きな植物が生えて日陰になると育つことができない。

河原によく生えているのは、河原は土が削られる不安定な環境なので、大きな植物が生えにくいためである。林のまわりの草地や、土手など定期的に草刈りが行われる場所も、大きな植物が生い茂ることなく、日当たりのよい環境が保たれる。そのため、カワラナデシコが咲くことができるのだ。

213　カワラナデシコ

カワラナデシコは、山上憶良の歌で知られる秋の七草にも「なでしこの花」の名で数えられている。春の七草が田んぼのまわりに生える植物であるのに対して、秋の七草は草地に生える植物ばかりである。昔の人にとって、草地の風景は、ごく身近なものであった。

しかし、やがて草地は開発されたり、畑にされたり、植林が進められたりしていった。こうして明治以降、草地面積は急速に減少したのである。

しかも、現在は草を刈って屋根を葺いたり、牛馬を飼う時代ではない。残された草地は草刈りがされないために、大型の植物が生い茂るようになってしまった。ナデシコが生息できる環境もすっかり減ってしまったのである。

そして、名前の由来となった河原でさえ、河川工事によって奪われている。いまや、カワラナデシコは各地で絶滅が危惧されるほどまでに、その数を減らしているのだ。

気品ある清楚な美しさを持つ日本女性を「大和なでしこ」と呼ぶ。日本女性のしなやかなかにも芯のある強さがナデシコにたとえられたのだ。しかし、どうだろう。ナデシコの減少と重なるように、大和なでしこもすっかり見られなくなってしまったように思えるが、気のせいだろうか。

ワレモコウ　吾亦紅　バラ科

寂しい秋の風景

秋風にワレモコウの花が揺れている。

決して華やかな花ではないが、素朴な花は、何とも味わい深く、日本人の心をとらえて離さない。ワレモコウの花は日本の秋の風景によく似合う。

それにしても、ワレモコウの花穂の色合いは複雑である。赤というにはくすんだ色だし、紫色というのとも違う。赤茶色、赤黒色、濃赤色、赤紫色とさまざまな表現ができそうである。

ワレモコウは漢字では「吾亦紅」と書くことが多いが、一説によると「吾もまた紅なり」とワレモコウ自身が唱えたことが名前の由来であるといわれている。確かに、ワレモコウは控えめな花だが、存在感があり、秋の野のなかでよく目立つ。

派手に咲き誇るばかりが花ではない。この渋くとも気品のある花は、何とも日本人好みである。そのため、ワレモコウは古くから詩歌の題材に取り上げられてきた。

ちなみに漢字で「吾木香」と書くこともある。木香とは線香の原料となるキク科の植物で、木香に似た香りがあることから、わが国の木香という意味だというが、実際にはあまり香りはしない。もっとも、ワレモコウの名前の由来には諸説あり、はっきりとしていない。

ワレモコウはバラ科の植物だが、一般にイメージするバラとは似ても似つかない花である。ワレモコウの楕円型の花は、実際には小さな花が無数に集まって形作られている。その小さな一つ一つの花を見ると、花弁がない。その代わり四枚のがく片が色づいているのである。

控えめな花だが虫媒花なので、昆虫を呼び寄せて花粉を運ばせる。キキョウの項（一〇七ページ）で紹介したように、ハナバチの仲間に花粉を運ばせる秋の野草は、ハナバチが好む紫色をしていることが多いが、ワレモコウもしっかりと赤紫系統にがくを染めている。ただ、ぼんやりと咲いているように見えて、ワレモコウも、ほかの花々と同様に昆虫を呼び寄せるべく、静かなる闘志を燃やしているのだ。

日本人好みのする花なのに、意外なことに山上憶良の歌で知られる秋の七草には入っていない。

秋の七草以外にも美しい花があると昭和十（一九三五）年には東京日日新聞社（後に大阪毎日新聞社に吸収）が、当時の名士に「新秋の七草」の選定を依頼した。その

ワレモコウ

結果選ばれたのが、「ハゲイトウ、ヒガンバナ、アカマンマ、キク、オシロイバナ、シュウカイドウ、コスモス」の七種である。何と、ここでもワレモコウは落選しているのだ。やはり地味な花が災いしたのだろうか。

しかし、地味で味わい深いワレモコウの花は、侘び寂びを重んじる茶の湯の席に活ける茶花としての人気は高い。

ワレモコウは、キキョウやカワラナデシコと同じように日当たりのよい草地に生える植物である。残念なことに、近年では草地の草刈りが行われなくなり、ワレモコウもまた、姿を消している。

ところが、である。不思議なことにワレモコウは茶畑の近くなどで比較的簡単に見ることができる。茶園は冬の間に畝間に草を敷くために、茶園周辺の草を刈る。その環境がワレモコウにとって良好な環境となっているのである。お茶を生産することによって、茶花のワレモコウが咲く風景が守られているというのも、何とも気のきいた話ではないだろうか。

ヨメナ

嫁菜　キク科

嫁のように美しい

「嫁殺し」という恐ろしい別名をつけられた植物がある。ドクウツギやニシキギ、マユミ、ヤブサンザシなどがそれである。これらの植物は、いずれも有毒な植物である。

昔の農村で嫁は過酷な労働を強いられ、食事も残り物を食べさせられたりした。そして、空腹に耐えかねた嫁が有毒な実を食べて命を落としたといわれるのが「嫁殺し」である。植物の果実は、鳥に果実と種子を食べさせて、種子が糞といっしょに鳥の体外へ出ることで、広く散布される。しかし、鳥以外の動物に食べられないようにするために、毒成分を含んでいる有毒な果実がある。もちろん、鳥には無毒だから、鳥たちは平気で食べられる。ところが、人間には有毒で、食べると死んでしまうのだ。

一方、別名を「嫁泣かせ」という植物もある。フクジュソウやキクザキイチリンソウ、ナニワズ、アラゲヒョウタンボクなどがそうだ。これらの花々は、冬の終りを告げ、春の到来を教えてくれるものばかりである。しかし、嫁にとって、それは同時に過酷な農作業の始まりを伝える植物でもあった。だから「嫁泣かせ」なのである。

これに対して、秋の野に咲く野菊に「ヨメナ」がある。ヨメナは「嫁菜」である。一説によると「嫁菜」は嫁のようにやさしく美しいことから名づけられたという。「菜」とつくくらいなので、ヨメナは食べられる。香りのよいヨメナは、ご飯に炊き込んで「嫁菜飯」にする。春先の若い芽を、お嫁さんたちが野に出て摘んだ、その華やかなようすから「嫁菜」とつけられたという説もある。いずれにしても、「嫁殺し」や「嫁泣かせ」に比べれば、珠玉のように美しい名前である。

「嫁菜」に対して、山野に生えるシラヤマギクは俗に「婿菜《むこな》」と呼ばれている。婿菜も春の若苗に独特の香りがあり食用になる。嫁菜と婿菜、どちらのほうがおいしいか、気になるところだが、昔と違って現代は男女平等の時代である。それぞれ個性のある嫁菜と婿菜を比べるほうが野暮というものだろう。

『万葉集』ではヨメナはウハギという。これは、生芽《はえぎ》に由来する名前である。古来から、ヨメナは若菜摘みの植物として親しまれてきたのだ。ヨメナは、秋になると清楚な薄紫色の花を咲かせる。こんなに美しい花を咲かせるのに、若菜のほうが親しまれているのだから、昔の人も「花より団子」だったのかも知れない。

ヨメナは一般には野菊と呼ばれることが多いが、残念ながら野菊という名前の植物はない。野菊とされる植物にはヨメナやノコンギク、ユウガギク、シラヤマギクなど

221　ヨメナ

がある。

美しい野菊の花で思い出すのは、伊藤左千夫の小説『野菊の墓』である。この物語の有名な一場面に、主人公の「僕」が民子に愛の告白をする場面がある。

「僕はもとから野菊がだい好き。……民さんは野菊のような人だ」

それでは、『野菊の墓』に出て来る野菊とは、いったいどの植物なのだろうか。植物学者たちは、この植物の特定に乗り出した。その結果、美しい場面を彩ったこの野菊が、おそらくヨメナだっただろうと考えられている。

小説では、「僕」が野菊を見つける場面がこう描写されている。

「道の真中は乾いているが、両側の田についている所は、露にしとしとに濡れて、いろいろの草が花を開いてる。……野菊がよろよろと咲いている」

どうやら『野菊の墓』の野菊は、田んぼのまわりの湿った場所に生えている。この条件に合うのがヨメナなのである。ちなみに『野菊の墓』の舞台となった江戸川の矢切の渡し付近に見られるのは、関東地方に分布するカントウヨメナという種類である。

残念ながら、カントウヨメナはヨメナに似ているが、ヨメナのように食用にはされていない。しかし、それもいいだろう。美しい純愛物語のなかでは、「団子より花」のほうがずっとふさわしいのだ。

ススキ

薄　イネ科

イネより高級

お月見といえば、なくてはならないのがススキである。中秋の名月には、里芋や月見団子を盆に盛ってススキを供える。こうして、秋の豊穣を神に感謝した。

昔は、季節の節目ごとにススキを飾った。小正月には、田んぼにススキを立ててお供えをしたり、田んぼに水を入れる水口《みなくち》祭りや初田植えにススキを飾ったりしたのである。

かつてススキはイネの豊作の象徴であった。ススキの名は「すくすく育つ木」に由来するという。人々はススキの穂を稲穂に見立てて、稲がすくすくと育つ豊穣を祈った。

中国などでは、ススキはもともと魔除けの草と考えられていた。魔除けに用いられたのは、ススキの葉が切れすやく、悪霊を退散させるイメージがあるためだろう。それが日本に伝わり、日本ではいつのころからか、ススキを飾る風習は田んぼの農耕儀礼と深く結びつくようになっていった。

確かに、ススキの葉は切れやすい。ススキの葉をルーペで見ると、ガラス質のトゲがのこぎりの歯のように並んでいる。そのため不用意にススキにさわると手を切ってしまうことがある。私たち人間が作る透明なガラスはケイ酸を原料としているが、ススキをはじめとしたイネ科の植物は、草食動物から身を守るために、土の中から吸収したケイ酸を体内に蓄積しているのだ。そのため、葉だけでなく茎も硬い。昔は、この強度のあるススキの茎をたばねて、屋根を作った。これが「茅葺き屋根」である。茅とは、ススキの異名である。ススキがない家は、しかたなく稲わらを使って「わら葺き屋根」にした。茅葺き屋根はわら葺き屋根の三倍も長持ちしたという。イネは日本の主要作物で、ススキは野草だが、屋根の材料としてはススキのほうがイネよりも高級だったのである。

植物で作って屋根というと、粗末な感じがするが、茅葺き屋根は、現代の建築資材と比べても断熱性や保湿性、通気性、吸音性の点で優れている。ただし、植物だから虫が食べたり、カビが生えて腐ってしまうことがある。ところがよくしたもので、昔の家は囲炉裏があって火を燃やした。この煙が茅葺きの屋根をいぶして、ススキの茎に虫がついたり、腐ったりするのを防いで、屋根を長持ちさせたのである。

火山灰に由来した日本のやせた酸性土壌では、ススキ草地が発達する。しかし、日

225　ススキ

本人は屋根を葺いたり、家畜の餌にしたり、堆肥にしたりして、ススキを上手に利用してきた。そのため、自然に生えているススキだけでなく、人為的にススキ草地を育ててきたのだ。

昔は、集落ごとに「茅場」と呼ばれるススキ草地があり、茅場は秋に草を刈ったり、春先に火入れをすることによって維持されていた。ススキはイネ科の植物なので生長点が低く、また地下茎を伸ばしているため地上部が焼けても生き残る。こうして低木やつる植物の侵入を防ぎながらススキ草地が維持されてきたのである。

しかも、秋にはススキが刈り取られるため、ススキの勢力もそがれ、適度に隙間の空いた草地にはキキョウやナデシコなどの草地性の草花が生えて、豊かなススキの原を形成した。秋のススキの原は日本の原風景だったのである。

統計資料によれば、明治十七（一八八四）年の全国の草地面積は一二〇〇万ヘクタール。現在の日本の水田面積が二五〇万ヘクタールであることを考えると、これがいかに広いかわかるだろう。かつて、日本の国土は広大な草地で覆われていたのである。

しかし、やがてススキは利用されなくなり、茅場は開発されて急激に減少していった。また、放置されたススキの原はススキが傍若無人に生い茂り、キキョウやナデシコなどの野の花が生えることを許さなくなった。そしてやがては、つる植物や低木が侵入して荒地となっている。いまでは、お月見のときのススキを探すにも一苦労するありさまである。

いまさら茅葺き屋根もないだろうが、銀色の穂が輝きながら風が渡っていくススキの原は一幅の絵を見るようである。私たちの子どもや孫に、ぜひ残したいふるさとの大切な原風景である。

ナンバンギセル

南蛮煙管　ハマウツボ科

熱烈な片思い

道の辺の尾花が下《もと》の思ひ草今さらになぞ物か思はむ（巻十、二二七〇）

『万葉集』で「思ひ草」と呼ばれているのが、いまでいうナンバンギセルである。この歌は、「道ばたの尾花の下の陰にある思い草のように、あなたのことだけを思っているのに、いまさら何を思い迷うことがあるでしょうか」という意味である。ナンバンギセルは、うつむいて咲く花が物思いにふけっているようすから、長い間「思い草」と呼ばれていた。それにしても思い草とは何ともロマンチックな名前である。和歌の世界では、思い草は「忍ぶ恋」を象徴する存在として詠まれている。ところが、江戸時代になると、思い草はナンバンギセルと呼ばれるようになる。この名前は、花の形が南蛮渡来のキセルに形が似ていることからきている。おそらく江戸時代の人々にしてみれば、万葉の時代からの名前よりも、南蛮渡来のキセルのほう

229　ナンバンギセル

が、ずっと目新しく気がきいているように思えたのだろう。ところが「ナンバン」も「キセル」も死語に近い現代となってみれば、何とも味気ない名前になってしまったといわざるをえない。「思い草」のほうがはるかにロマンチックである。

冒頭の歌に登場する尾花というのは、ススキのことである。

確かに、ススキの根もとにひっそりと寄り添いながら、頬をそめているかのようにうっすらとしたピンク色の花を、うつむきかげんに咲かせているナンバンギセルは、人知れず恋する姿を思わせる。

それにしても、ナンバンギセルは植物とは思えない奇妙な形をしている。ひょろひょろと細く伸びた茎の上に花が咲いているだけで、葉はまったくない。さらに茎のように見えるのも、実際は長く伸びた花柄《かへい》である。つまり茎も葉もなく、花だけが地面から生えているのだ。実際にはナンバンギセルは、地面の下に退化したごく短い茎とわずかな葉を持っている。そして、秋になると花だけを地面の上に伸ばす。

何とも奇妙な形であるが、それもそのはず、じつはナンバンギセルはススキに寄生する植物なのである。ナンバンギセルは寄生根をススキなどの根に伸ばし、ススキから栄養分をもらって暮らしている。ナンバンギセルが寄り添うようにススキの根もとに生えているのは、そのためだったのだ。「忍ぶ恋」など、とんでもない。ナンバンギセルはススキにたかるパラサイトなのである。

自分で光合成をすることなく、ススキから養分をもらって養ってもらっているナンバンギセルのパラサイト生活は、いかにも気楽に思える。しかし、実際にはそうでもないらしい。

考えてみれば、ナンバンギセルはススキがなければ生きていけないのだから大変である。ナンバンギセルの花は粉のように微小な種子を大量に作り、風に乗せて飛ばしていく。大量の種子を作るのは、それだけナンバンギセルの種子の生存確率が低いためである。そして、運よくススキの根もとにたどりついた種子だけが生き残ることができるというわけだ。もし、ススキがなくなったとしたら、やがてナンバンギセルも消えてしまうことだろう。

冒頭の『万葉集』の歌にあるように、かつてナンバンギセルは道端にふつうに見られたことだろう。昔の日本には、茅葺き屋根を作ったり、家畜の餌にするためにススキ草地が維持され、ススキがたくさん広がっていた。しかし最近では、ススキ草地も少なくなり、ナンバンギセルの姿も珍しいものになりつつある。

さて、ススキがなくなったら、この先どうしたものか。ススキの根もとでナンバンギセルは、いまも思案にふけっているのかもしれない。

ヤエムグラ　八重葎　アカネ科

自力で立たずに大成功

八重むぐらしげれる宿のさびしきに人こそ見えね秋は来にけり（恵慶《えけい》法師）

『百人一首』（四十七番）に歌われた「八重むぐら」は、現在の図鑑にあるヤエムグラではなく、カナムグラのことであるといわれている。ヤエムグラも春から夏にかけては生い茂るが、秋になると枯れてしまう。一方、カナムグラは夏から秋にかけて、歌に詠まれたように廃屋を覆って生い茂る。そのため、歌の「八重むぐら」はカナムグラであると考えられているのである。

ヤエムグラとカナムグラは名前がよく似ているが、まったく別の種類の植物である。ヤエムグラはアカネ科であるのに対して、カナムグラはクワ科の植物で、ビールの苦みの原料となるホップと近縁の植物である。二つの植物に共通する「ムグラ」という言葉は漢字では「葎」と書き、生い茂る雑草を意味する言葉である。

233　ヤエムグラ

ヤエムグラは「八重葎」である。幾重にも負い重なって茂るようすから「八重葎」と呼ばれた。ヤエムグラは別名を「勲章草」ともいう。ヤエムグラは茎や葉に下向きに小さなトゲがあるため、服にくっつく。そのため、子どもたちはヤエムグラの茎や葉を服にくっつけて勲章に見立てて遊んだのである。

ヤエムグラの茎はか細くやわらかいため、自分の力で直立することができないが、このトゲで他の植物に寄りかかって伸びてゆく。

自分の力で茎を直立させるためには、コストをかけて茎を頑丈にしなければならない。しかし、ヤエムグラは茎を頑丈にしない代わりに、その栄養分を使って速く伸びることができる。植物は高く伸びたほうが、光を浴びて光合成をするのに有利だから、ほかの植物に寄りかかりながら伸びていくヤエムグラの戦略はじつに頭脳的である。ヤエムグラは生長が速いので、すぐにほかの野草を覆ってしまう。そして寄りかかる植物がなくなると、ヤエムグラどうしが絡みあいながら藪《やぶ》を形成するのである。そのようすは、まさに「八重葎」の名にふさわしい。

このヤエムグラの戦略をさらに発展させたのが、つるで伸びるつる植物である。つる植物は自分の力で立つことができないが、ほかの植物に巻きついたり、絡みついたりすることで、茎を強靭にするコストを節約し、その分だけ速く生長することができる。

『百人一首』に詠まれたカナムグラはつる植物である。そのため生長が著しく速く、廃屋を覆い尽くして伸びることも珍しくない。つる植物はアサガオのように茎を支柱に巻きつかせるものと、キュウリやブドウのように巻きひげで支柱に巻きつくものとがある。カナムグラはアサガオと同じように右巻きに茎を巻きつかせるが、さらに茎には下向きのトゲがあって、ほかの植物にしっかりと絡みつきながら伸びて、藪を茂らせていくのである。

カナムグラは漢字で「鉄葎」と書く。まるで針金のように強靭な茎が絡みあっているようすから、そう名づけられたのだ。カナムグラに覆い尽くされると、軍手をして持とうとしてもトゲで引っ掛かるし、鎌で刈ろうとしても、強靭な茎はなかなか切れない。カナムグラが茂るようすは、まるで有刺鉄線を思わせる。

『百人一首』では、「人が訪れない寂しく荒れた宿にも秋は来るものだ」と風流に詠んでいるが、カナムグラが人の住む家の庭に入り込んできたら、風流どころではない。有刺鉄線デスマッチさながらの草取りの闘いは避けられそうもないのである。

あとがき

古いアルバムを見返していて、レンゲ畑にしゃがみこんでいる幼いころの自分の写真を発見した。私の実家は住宅地にあったが、当時は周辺にはまだ田畑が残っていた。しかし数十年経った現在では、周囲は道路や建物で埋め尽くされ、田畑は見る影もない。そういえば、レンゲ畑は、昔は春になればあちらこちらで見られたありふれた風景だったが、いまではめっきり見かけなくなってしまった。

春の小川は、さらさら行くよ。
岸のすみれや、れんげの花に、
すがたやさしく、色うつくしく
咲けよ咲けよと、ささやきながら。
（「春の小川」高野辰之作詞　岡野貞一作曲　一九四七年改訂）

失われているのは、ふるさとの植物だけではない。

ふるさとの風景には、いつも自然の恵みのなかで暮らす人々の姿があった。野の花を摘んでは花輪を編む少女たちや、草の穂でザリガニやカエルを釣る少年たちの姿があった。ふるさとの風景は自然の営みと人の暮らしとが作り上げていたのである。

兎追いしかの山
小鮒釣りしかの川
夢は今もめぐりて
忘れがたき故郷
（「故郷」高野辰之作詞　岡野貞一作曲　一九一四年）

唱歌で歌われる日本の風景は、いま、どこにあるのだろう。いつしか田畑や小川は埋め立てられ、コンクリートの町が作られている。田園では、人の手が入らなくなり放棄された田畑や里山が、痛々しくその姿を晒《さら》している。日本のどこかにあると誰もが思っている心のふるさとの美しい風景が、今や、日本中どこを探してもすでになくなってしまったのではないか。そんな気がしてならない。

一度、失ったものは二度とは戻らない。削ってしまった山の形も埋めてしまった川の流れも、もとには戻らない。絶滅してしまった植物は、未来永劫この地球上から抹殺されてしまう。先端の科学技術をもってしても人類は葉っぱ一枚、人工的に作り出すことができないのだ。そして、植物とともに生きる技術や知恵も一度失ってしまったら、取り戻すことはできないのである。

ふるさとの風景などなくても、豊かに生きていける……確かに現代は、そんな時代なのかもしれない。しかし、どうだろう。現代の生活は、途方もなく長い年月を経て生物の営みが蓄積した石油などの化石燃料によってもたらされている。もし、化石燃料がなくなってしまったとしたら、どうだろう。ガソリンや灯油などの燃料はもちろん、電気や衣服、プラスチック用品のすべてを失ってしまったなかで現代人は暮らしていく術を持っているだろうか。

そう考えてみると、昔の人々は身のまわりのすべてのものを、植物を材料にして作っていたのだからすごい。なにしろ、植物資源は太陽と水と土の恵みのみから作られる。そんな植物とともに生きた時代は、現代よりも、より豊かで生きる知恵にあふれていたといえるのかもしれない。

そして、何よりふるさとの風景を失ってしまったとき、私たちは心のよりどころを失ってしまわないだろうか。日本人のアイデンティティを失ってしまわないだろうか。人間らしい生き方を失ってしまわないだろうか。

一度、失ったものは二度とは戻らない……ふるさとの植物を描いたこの本が、現代人が失いつつある忘れ物を、もう一度、見つめ直すきっかけになればうれしい。ふるさとの風景のレクイエムになってしまわないことを願うばかりである。

この本は、前著『身近な雑草のゆかいな生き方』と『蝶々はなぜ菜の葉にとまるのか』（いずれも草思社）の姉妹書という位置づけで執筆したため、前著で紹介した植物種については、できるだけ重複を避けた。スミレや菜の花、ヒガンバナなど、ふるさとの自然を代表する植物のいくつかが記載されていないのは、そのためである。この本に登場しない植物種については、前著とあわせてお読みいただければと思う。

刊行するに当たって、編集に尽力してくださった北村正昭さん、地人書館の永山幸男さんに謝意を表する。また、三上修さんには前著に引き続き、精緻な植物画を描いていただいた。深く感謝申し上げたい。

二〇一〇年三月

稲垣栄洋

文庫版あとがき

二〇一三年五月、「静岡の茶草場《ちゃぐさば》農法」が、国連の世界農業遺産に登録された。

茶どころ静岡では、良質な茶を生産するために、冬の間に山の草を刈って茶園に敷く。この草を刈るための場所が「茶草場」である。

「おじいさんは山へ芝刈りに」と昔話の桃太郎で語られるように、昔は山へ行って薪を取ったり、草を刈ったりした。今では失われつつあるそんな里山の作業が、茶畑のまわりでは今も行われている。草を刈ることは一見すると自然破壊をしているようにも思えるが、草刈りをまったくしないと藪が生い茂り、日の当たる場所を好む野草は育つことができない。適度な草刈りが行われることによって、日当たりの良い草地が維持され、さまざまな野草が生える草地となる。茶園のまわりでは、この昔ながらの草刈りの作業によって、さまざまな植物が守られていたのである。

「良いお茶を作るという農業の営みによって、豊かな生物多様性が守られている、そして、農業の生産性と生物の多様性が共存している」

これが「静岡の茶草場」が世界農業遺産として評価された一番の要因である。

この世界農業遺産の登録は、著者が静岡県農林技術研究所と農業環境技術研究所とともに行った学術的な調査が基礎となり実現したものである。私たちの調査では、茶草場には、貴重種を含み、じつに三〇〇種以上もの植物が確認された。

じつは、本書のワレモコウの項では、私の研究を基にしたこの茶草場の話が登場する。しかしながら、本書の親本が上梓された二〇一〇年の時点で、私はこの茶草場が世界的に評価されるまでに価値のあるものだとは思いも寄らなかった。茶畑の多い静岡県に生まれ育った私にとっては、あまりに身近すぎて、その価値が十分にはわからなかったのだ。しかし、その後、海外の研究者と情報交換する中で、「静岡の茶草場」が世界的にも価値があることを知り、世界農業遺産への申請を提案したのである。「価値あるものは、遠くにあるのではなく、私たちの足元にある」

これが世界農業遺産登録を通じて、私が改めて感じたことである。

本書は「身近な雑草の愉快な生きかた」「身近な野菜のなるほど観察録」「身近な虫たちの華麗な生きかた」に続き、ちくま文庫から文庫化されることとなった。

雑草と野菜は、相反する存在だが、人間によって育まれてきたという点で共通している。

人間が飼い慣らし、作り上げた野菜は、じつに特異的な性質を持つ植物である。一方、雑草は、人間と無関係に勝手に生えているように思えるが、人間の暮らしや、人間が行う草取りに適応して発達してきた。

他方、本書で紹介した野草は、野生の植物ではあるが、人間が行う農業や暮らしの営みによって作り出される人里や里山を棲みかとしてきた。雑草も野菜も野草も人間と深い関係にある。そして、虫たちはそんな植物たちによって創り出される身近な環境で暮らしているのである。いずれの生物も、人間の暮らしと関わりの深い「身近な存在」である。しかし、そんな身近な生物の営みの中にこそ、大自然の不思議さや、生命の偉大さがある。

「価値あるものは、遠くにあるのではなく、私たちの足元にある」

これが、この四冊に共通する私の主張である。

最後に、本書の文庫化にあたりご尽力いただいた筑摩書房の鎌田理恵さんに感謝申し上げたい。

二〇一三年冬

稲垣栄洋

解説　暮らしの中に野草があった

岡本信人

　私が野草を食べるのは、子供の頃身近に野草があった暮らしによる。私は昭和二三年、山口県岩国市に生まれ、父が肺結核で入院した萩市で小学校三年から六年まで暮した。わずか四年足らずだが私にとって最も思い出深い地だ。私の家は萩の中心の城下町から川を隔てた無田ヶ原にあった。その辺りは地名に反して一面田畑の緑豊かな所だった。春になると近くを流れる水路の両側にフキやセリ、ミツバが繁り、それらは摘まれて煮ものやおひたしになって食卓に並んだ。私もツクシやニワトリの餌のハコベを摘んだ。セリも摘んだがそばに生えているキツネノボタンには触らなかった。あの頃毒草にあたったという話を聞いたことがない。先人の教えが子供にも伝わっていたのだろう。夏はハゼ釣り、秋は木の実採りと四季折々、自然の恵みにあずかった。昭和三〇年代前半はまだ物が豊富ではなく、庶民にはバナナが高嶺の花だった。ケーキやチョコレートなどもふだんめったに口にできなかったわが家では、母が作るヨモギの草団子が楽しみだった。私はいつもお腹を空かしていて、土手のスカンポを食べたり、イネ科の茎を引き抜いては嚙んだりした。またカラスノエンドウの笛を吹いたり、オナモミの実を服にくっつけて遊んだ。女の子はレンゲやクローバーで花輪を作った。お腹をこわして茶色の苦い汁を飲んだこともある。あの頃暮らしの中に野草があった。そうした暮らしが私の体にしみこんでいて今も野草にひかれるのだと思う。最近の新聞で学者によると、男の子は小学校時代のある時期から、昆虫など自然に興味を持つ者と飛行機や電車のような人工物に興味を持つ者に分かれ、その時に育った環境がその人の世界観になるというのだ。独り納得した。

小学校卒業間近、父が退院して突然東京で暮すことになった。東京では学校の傍ら劇団の活動に熱中する日々で自然と疎遠になった。大学卒業後、一人暮らしをして俳優として歩み始めた頃、仕事で撮影所に向かう途中、土手に群生しているツクシを見て、何かに衝き動かされるように夢中で摘んだ。仕事を終えてアパートに帰り、早速炒めて食べたがまずかった。アク抜きをせずハカマを取らなかったためだ。この時の悔しさが再び野草に目を向かせることになった。野草の本や図鑑を繙くと、見覚えのある野草でも正式名があることなど初めて知ることが多く、新たな興味が湧いてきた。食べられるものの中からまず春の七草と決めて、小川や畑の近くに見当をつけて探したが、見つかったのはセリとハコベだけ、一月六日はまだナズナ・ゴギョウ・ホトケノザの花は咲いていなくて見分けがつかなかった。勉強不足で仕方なしにその年の七草採取は中止。暖かくなって花が咲いてから場所を覚えておいて翌年を待つことにした。一年がかりでセリ・ナズナ・ゴギョウ・ハコベラを採取したがホトケノザはやはり見つからなかった。また野草にこだわってスズナ・スズシロも省いたので四草粥になったが、自分で摘んだ初めての「七草粥」は格別だった。

春は野草が次々出てくるので気が抜けない。とくにツクシの旬は短くて、ぼんやりしていると食べ頃を逃してしまう。ツクシの時期が近づくと私は電車から線路脇を観察する。摘む場所が都内から離れているので無駄足をせず旬を逃さない為に、逸早く出始めを確認しようというのだ。道端で見られなくなったツクシも線路脇の柵付近には見られる。しかし、走る車窓から線路脇の枯草の中に同色のツクシを見つけるのは並大抵ではない。集中力は勿論視力と動体視力を必要とする。近年どちらの視力も衰える一方で苦戦している。

私が都内で目にする野草は一年を通すとざっと二〇〇種、そのうち食べたのは七〇種ぐらいでおいしいと思うのはその半分ぐらいだろうか。当初、私は野草を食べることを隠していたが、折にふれてあれは食べられる、これはうまいなどと口走っていたらしい。それで本にすることを勧められてできたのが『道草を喰う』だ。本が出てから取材を受けたり番組に呼ばれるうちに「草を食べるおじさん」になった。

野草の楽しみは食べるだけに止まらない。東京を歩くと意外な発見がある。海から離れている皇居の土手にハマダイコンがあったり、街路樹の下に山地で見る白いホタルブクロが咲いていたり、時には在来種のタンポポに出会うこともある。まだ知らない野草はたくさんあって、楽しみも尽きない。

本書に取り上げられた野草は馴染みがあるのに、そうだったのかと「目からウロコ」のことばかり。雑草や野草は、追い返してもついて来る捨て犬のように困った存在に見えるけれど、人間と深く関ってきた歴史があり、物語があるんだということに思いあたる。個性豊かな野草たちの暮しを、ウィットに富む語り口で解き明かしてくれる、野草好きには嬉しい一冊だ。

（おかもと・のぶと／俳優）

参考文献

有岡利幸『春の七草』《ものと人間の文化史146》法政大学出版局　二〇〇八年
有岡利幸『秋の七草』《ものと人間の文化史145》法政大学出版局　二〇〇八年
石井由紀・熊田達夫写真『フェンスの植物　はい回る蔓たち』山と渓谷社　二〇〇〇年
稲垣栄洋『雑草の成功戦略　逆境を生き抜く知恵』NTT出版　二〇〇二年
稲垣栄洋・三上修絵『身近な雑草のゆかいな生き方』草思社　二〇〇三年
稲垣栄洋・三上修絵『蝶々はなぜ菜の葉にとまるのか　日本人の暮らしと身近な植物』草思社　二〇〇六年
岩瀬徹・川名興『たのしい自然観察　雑草博士入門』全国農村教育協会　二〇〇一年
大貫茂・馬場篤植物監修『萬葉植物事典』クレオ　二〇〇五年
柿原申人『草木スケッチ帳Ⅱ、Ⅲ』東方出版　二〇〇二年
環境庁野生生物課編『改訂・日本の絶滅のおそれのある野生生物8』［植物Ⅰ（維管束植物）］
自然環境研究センター　二〇〇〇年
河野昭一編『植物の生活史と進化1　雑草の個体群統計学』培風館　一九八四年
草川俊『野草の歳時記』読売新聞社　一九八七年
草川俊『野菜・山菜博物事典』東京堂出版　一九九二年
草川俊『有用草木博物事典』東京堂出版　一九九二年

清水基夫『日本のユリ』誠光堂新光社　一九七一年
森林環境研究会編集『森林環境２００９　生物多様性の日本』森林文化協会　二〇〇九年
多田多恵子・熊田達夫写真『花の声　街の草木が語る知恵』山と渓谷社　二〇〇〇年
多田多恵子『したたかな植物たち　あの手この手の㊙大作戦』ＳＣＣ　二〇〇二年
多田多恵子『種子《タネ》たちの知恵　身近な植物に発見！』ＮＨＫ出版　二〇〇八年
田中肇・平野隆久『花の顔　実を結ぶための知恵』山と渓谷社　二〇〇〇年
田中肇・正者章子絵『花と昆虫、不思議なだましあい発見記』講談社　二〇〇一年
日本観光文化研究所編《日本人の生活と文化２》『村の暮らしとなりたち』ぎょうせい　一九八二年
デービッド・アッテンボロー・門田裕一監訳『植物の私生活』山と渓谷社　一九九八年
長澤武『植物民俗』《ものと人間の文化史１０１》法政大学出版局　二〇〇一年
深津正『植物和名の語源』八坂書房　一九八九年
守山弘『自然を守るとはどういうことか』《人間選書１２２》農山漁村文化協会　一九八八年
守山弘《自然環境とのつきあい方６》『むらの自然をいかす』岩波書店　一九九七年
柳宗民・三品隆司画『柳宗民の雑草ノオト』毎日新聞社　二〇〇二年
柳宗民・三品隆司画『柳宗民の雑草ノオト２』毎日新聞社　二〇〇四年
湯浅浩史『植物ごよみ』《朝日選書７５４》朝日新聞社　二〇〇四年

本書は二〇一〇年四月に、地人書館より刊行されました。

MEMO

MEMO

MEMO

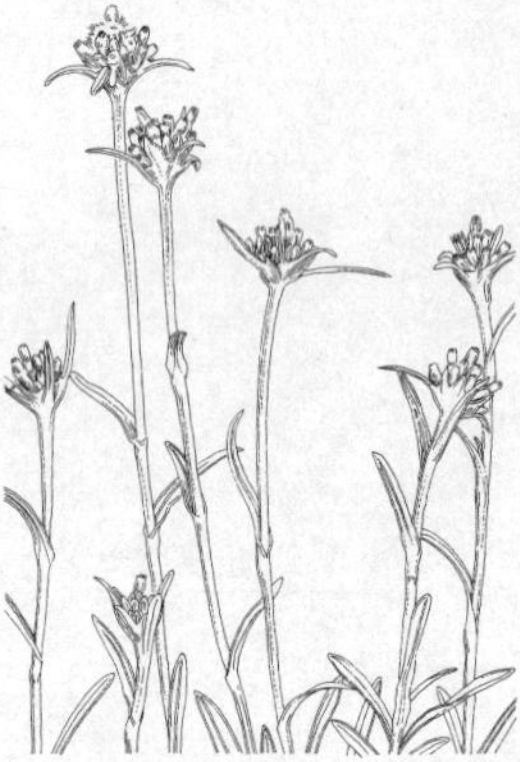

MEMO

MEMO

MEMO

ちくま文庫

身《み》近《ぢか》な野《の》の草《くさ》 日本《にほん》のこころ

二〇一四年三月十日 第一刷発行
二〇二一年七月五日 第三刷発行

著者 稲垣栄洋（いながき・ひでひろ）
絵 三上修（みかみ・おさむ）
発行者 喜入冬子
発行所 株式会社 筑摩書房
東京都台東区蔵前二―五―三 〒一一一―八七五五
電話番号 〇三―五六八七―二六〇一（代表）
装幀者 安野光雅
印刷所 三松堂印刷株式会社
製本所 三松堂印刷株式会社

Printed in Japan
ISBN978-4-480-43138-7 C0145